新编畜禽饲养员培训教程系列丛书

新编肉鸡饲养员培训教程

◎ 李连任　主编

U0349292

中国农业科学技术出版社

图书在版编目(CIP)数据

新编肉鸡饲养员培训教程 / 李连任主编 . —北京：中国农业科学技术出版社，2017.9
ISBN 978-7-5116-3225-8

Ⅰ . ①新… Ⅱ . ①李… Ⅲ . ①肉鸡–饲养管理–技术培训–教材 Ⅳ . ① S834

中国版本图书馆 CIP 数据核字（2017）第 210449 号

责任编辑　张国锋
责任校对　马广洋

出 版 者　中国农业科学技术出版社
　　　　　北京市中关村南大街 12 号　邮编：100081
电　　话　（010）82106636（编辑室）（010）82109702（发行部）
　　　　　（010）82109709（读者服务部）
传　　真　（010）82106631
网　　址　http：//www.castp.cn
经 销 者　各地新华书店
印 刷 者　北京富泰印刷有限责任公司
开　　本　880mm × 1 230mm　1/32
印　　张　6.125
字　　数　182 千字
版　　次　2017 年 9 月第 1 版　2017 年 9 月第 1 次印刷
定　　价　26.00 元

版权所有 · 侵权必究

编写人员名单

主　　编　李连任

副 主 编　许秀花　季大平

编写人员　李连任　李　童　李长强　侯和菊

季大平　尹绪贵　许秀花　王立春

朱　琳　于艳霞　徐海燕　庄桂玉

前言

进入21世纪，畜禽养殖业集约化程度越来越高，设施越来越先进，饲料营养水平越来越科学。通过多年不断从国外引进种畜禽良种和选育、扩繁、推广，我国主要种畜禽遗传性能得到显著改善。但是，由于饲养管理和疫病等问题导致优良畜禽良种生产潜力得不到充分发挥，养殖效益滑坡甚至亏损的情形时有发生。因此，对处在生产一线的饲养员的要求越来越高。

但是，一般的畜禽场，即使是比较先进的大型养殖场，因为防疫等方面的需要，多处在比较偏僻的地段，交通不太方便，对饲养员的外出也有一定限制，生活枯燥、寂寞；加上饲养员工作环境相对比较脏，劳动强度大，年轻人、高学历的人不太愿意从事这个行业，因此，从事畜禽饲养员工作的多以中年人居多，且流动性大，专业素质相对较低。因此，编者从实用性和可操作性出发，用通俗的语言，编写一本技术科学实用、操作简单可行，适合基层饲养员学习参考的教材，是畜禽养殖从业者的共同心声。

正是基于这种考虑，我们组织了农科院专家学者、职业院校教授和常年工作在畜禽生产一线的技术服务人员，从各种畜禽饲养员的岗位职责和素质要求入手，就品种与繁殖利用，营养与饲料，饲养管理，疾病综合防制措施等方面的内容，介绍了现代畜禽生产过程中的新理念、新技术、新方法。每个章节都给读者设计了知识目标和技能要求；在为培训人员设置的技能训练项目中，提出了具体的目的要求、训练条件、操作方法和考核标准；为饲养员设计了思考与练习题目，方便培训时使用。

本书可作为基层养殖场培训饲养员的专用教材或中小型养殖场、各类养殖专业合作社工作人员及农村养殖专业户自学使用，亦可供农业大中专院校相关专业师生阅读参考。

由于作者水平有限，书中难免存在纰缪。对书中不妥、错误之处，恳请广大读者不吝指正。

编　者

2017 年 8 月

目　录

第一章　肉鸡饲养员须知

知识目标

1. 了解肉鸡饲养员的岗位职责与素质要求。
2. 理解鸡的正常外貌特征。
3. 掌握肉鸡的生物学特性和生理特点。

技能要求

能借助挂图识别常见的肉鸡品种。

第一节　肉鸡饲养员的岗位职责与素质要求

一、肉鸡饲养员岗位职责

肉鸡饲养员承担着鸡场的日常饲养管理工作，其工作到位不到位、责任心强不强，都关系到整个肉鸡养殖场的生产业绩。为了充分调动饲养员的积极性，挖掘生产潜力，使养殖场高效运转，养殖场必须制定明确的岗位责任制，明确不同饲养岗位上的岗位职责，同时结合养殖场规模、岗位设置等制定相应的考核管理办法。饲养员基本岗位职责包括以下内容。

① 按时上下班。上班前观察鸡群状况，下班前做好当天的生产记录。有问题及时向上级反映。

② 完成当天工作任务。按时喂料、开灯，清理鸡粪，打扫卫生等。

③ 服从场长、技术员的工作安排。

④ 严格按照肉鸡技术操作规程进行操作。

⑤ 严格遵守场里的规章制度。

⑥ 每周主动汇报鸡舍生产情况。

二、肉鸡饲养员的素质要求

具备正确的世界观、人生观、价值观和道德观，具备有理想、有道德、有文化、守纪律的新型公民素质，具备扎实工作的心理素质和奉献精神，热爱劳动。

① 肉鸡饲养员要具备一定的文化基础知识，通过培训，具备本岗位所需要的综合职业能力和专业理论知识，如养肉鸡基本知识、养肉鸡设备的操作、生产用品的领放和保管等。

② 具备良好的敬业精神，吃苦耐劳，工作细致认真。

③ 具备从事本岗位相关职业活动所需要的方法和能力、社会行为和创新能力；具备获取新知识、不断开发自身潜能和适应技术进步及岗位要求变更的能力；具备较强的组织协调能力；具备将自身技能与群体技能融合的能力；具备积极探索、勇于创新的能力。

④ 具有一定的团队精神，能够与本部门及其他部门的领导、员工密切配合，分工协作，出色地完成本职工作。维护公司形象，增强集体荣誉感，积极参加各项集体活动。

⑤ 严格按照各项工作操作规程办事，不得违规操作，严防安全事故发生。

⑥ 严格请示汇报制度。生产中发现问题，及时逐级上报；严格执行岗位责任制，有事请假，不得擅自离岗。

⑦ 进行各类消毒时，必须具备良好的防护意识，养成良好的防护习惯，加强自身防护，防止和控制人畜共患病的发生。

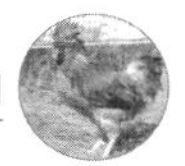

第二节　肉鸡饲养员须知

一、鸡的正常外貌特征

不同品种、性别、年龄的鸡外貌各不相同，但体表各部分的名称是大同小异的。鸡的外貌可分为头部、颈部、体躯和四肢四大部分（图 1–1）。

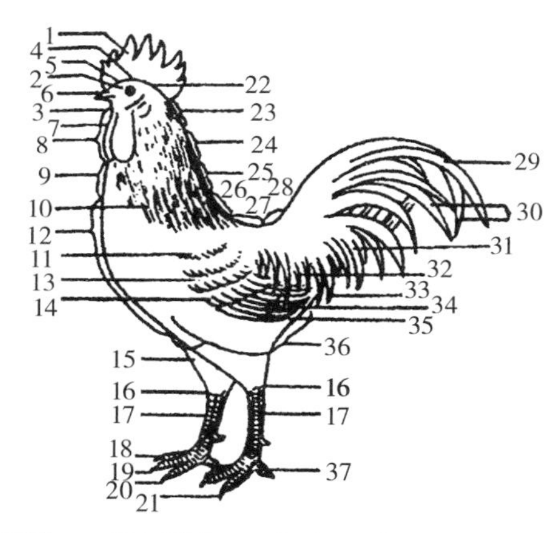

1. 冠　2. 脸与眼睛　3. 耳与耳叶　4. 头顶　5. 前额　6. 喙　7. 内髯　8. 咽喉　9. 颈　10. 颈羽　11. 小覆翼羽　12. 胸　13、14. 翼羽　15. 胫　16. 胫跟　17. 跗　18. 外趾　19. 中趾　20. 内趾　21. 外趾　22. 后脑壳　23. 颈上部　24. 颈中部　25. 颈下部　26. 背上部　27. 背中部　28. 腰　29. 尾羽　30. 大翘羽　31. 小翘羽及覆尾羽　32. 蓑羽　33. 小覆尾羽　34. 副翼羽　35. 主翼羽　36. 尾骶骨及腹　37. 后趾

图 1–1　鸡的各部位名称

（一）头部

头部的形态（图 1–2）及发育程度能反映品种、性别、健康和生产性能高低等情况。

图 1-2 鸡的头部形态

1. 鸡冠

为皮肤衍生物，位于头顶，是富有血管的上皮构造。不同品种有不同冠形；就是同一种冠形，不同品种，也有差异。鸡冠的种类很多，是品种的重要特征，可分为单冠、豆冠、玫瑰冠、草莓冠、羽毛冠等。

大多数品种的鸡冠为单冠。冠的发育受雄性激素控制，公鸡的冠较母鸡发达。冠的颜色大多为红色（羽毛冠指肉质部分），色泽鲜红、细致、丰满、滋润是健康的征状。有病的鸡，冠常皱缩，不红，甚至呈紫色（除乌骨鸡）。

2. 喙

由表皮衍生的角质化产物，是啄食与自卫器官，其颜色因品种而异，一般与胫部的颜色一致。健壮鸡的喙应短粗，稍微弯曲。

3. 脸

一般鸡脸为红色，健康鸡脸色红润无皱纹，老弱病鸡脸色苍白而有皱纹。蛋用鸡脸清秀，肉用鸡脸丰满。

4. 眼

位于脸中央，健康鸡眼大有神而反应灵敏，向外突出，眼睑单薄，虹彩的颜色因品种而异。

5. 耳叶

位于耳孔下侧，呈椭圆形或圆形，有皱纹，颜色因品种而异，常见的有红、白两种。

6. 肉垂

颌下下垂的皮肤衍生物，左右组成一对，大小对称，其色泽和健康的关系与冠同。

（二）颈部

因品种不同颈部长短不同，鸡颈由 13~14 个颈椎组成。蛋用型鸡颈较细长，肉用型鸡颈较粗短。

（三）体躯

由胸、腹、尾三部分构成，与性别、生产性能、健康状况有密切关系。胸部是心脏与肺所在的位置，应宽、深、发达，既表示体质强健，如为肉鸡，也表示胸肌发达。腹部容纳消化器官和生殖器官，应有较大的腹部容积。特别是产蛋母鸡，腹部容积要大。腹部容积常采用以手指和手掌来量胸骨末端到耻骨末端之间距离和两耻骨末端之间的距离来表示。这两个距离愈大，表示正在产蛋期或产蛋能力很好。尾部应端正而不下垂。

（四）四肢

鸟类适应飞翔，前肢发育成翼，又称翅膀。翼的状态可反映禽的健康状况。正常的鸡翅膀应紧扣身体，下垂是体弱多病的表现。鸟类后肢骨骼较长，其股骨包入体内，胫骨肌肉发达，外形称为大腿，足蹠骨细长，外形常被称为胫部。胫部鳞片为皮肤衍生物，年幼时鳞柔软，成年后角质化，年龄愈大，鳞片愈硬，甚至向外侧突起。因此可以从胫部鳞片软硬程度和鳞片是否突起来判断鸡的年龄大小。胫部因品种不同而有不同的色泽。鸡一般有 4 个脚趾，少数为 5 个。公鸡在腿内侧有距，距随年龄的增长而增大，故可根据距的长短来鉴别公鸡的年龄。

（五）羽毛

羽毛是禽类表皮特有的衍生物。羽毛供维持体温之用，对飞翔也很重要。羽毛在不同部位有明显界限，鸡的各部位羽毛特征如下。

1. 颈羽

着生于颈部，母鸡颈羽短，末端钝圆，缺乏光泽，公鸡颈羽后侧及两侧长而尖，像梳齿一样，特叫梳羽。

2. 翼羽

两翼外侧的长硬羽毛，是用于飞翔和快速行走时用于平衡躯体的羽毛。翼羽中央有一较短的羽毛称为轴羽，由轴羽向外侧数，有10根羽毛称为主翼羽，向内侧数，一般有11根羽毛，叫副翼羽。每一根主翼羽上覆盖着一根短羽，称覆主翼羽，每一根副翼羽上，也覆盖一根短羽，称为覆副翼羽。初生雏如只有覆主翼羽而无主翼羽，或覆主翼羽较主翼羽长，或者两者等长，或主翼羽较覆主翼羽微长，在2毫米以内，这种初生雏由绒羽更换为幼羽时生长速度慢，称为慢羽。如果初生雏的主翼羽毛长过覆主翼羽并在2毫米以上，其绒羽更换为幼羽生长速度很快，称为快羽。慢羽和快羽是一对伴性性状，可以用作自别雌雄使用。成年鸡的羽毛每年要更换一次，母鸡更换羽毛时要停产，主翼羽脱落早迟和更换速度，可以估计换羽开始时间，因而可以鉴定产蛋能力。

3. 鞍羽

家禽腰部也称为鞍部，母鸡鞍部羽毛短而圆钝，公鸡鞍羽长呈尖形，像蓑衣一样披在鞍部，特叫蓑羽。尾部羽毛分主尾羽和覆尾羽两种。主尾羽公母鸡都一样，从中央一对起分两侧对称数法，共有7对。公鸡的覆尾羽发达，状如镰羽形，覆第一对主尾羽的大覆羽叫大镰羽，其余相对较小叫小镰羽。梳羽、蓑羽和镰羽，都是第二性征性状。

二、肉鸡的生物学特性

鸡在动物学分类中属于鸟纲，具有鸟类的生物学特性。近一百年来，由于人们的不断培育和改善其环境条件，尤其是近几十年，随着现代遗传育种、营养化学、电子物理等科学技术的发展，使之生产能力大大提高。改造后鸡的生物学特性即是鸡的经济生物学特性。

（一）肉鸡性情温顺，适于多种方式饲养

1. 肉鸡活动缓慢，适于大规模平养

（1）厚垫料平养　在经过严格消毒的鸡舍地面上，铺设5~10厘米厚的垫料（图1-3），出栏后一次清除垫草和粪便，鸡只整个生长期全在垫料上活动的饲养方式。

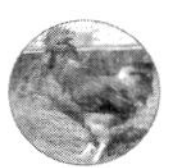

图 1–3 厚垫料饲养

图 1–4 垫料板结

肉鸡因为饲养期比较短，较多利用厚垫料平养的方式。这种饲养方式要求垫料柔软、干燥、吸水力强、不易板结、不发霉、无污染。

垫料板结（图 1–4），是提醒饲养员改善垫料质量的信号。在饲养过程中，应视具体情况随时松动板结垫料，清除湿垫料，补充新垫料。

厚垫料平养方式的技术优点：① 厚垫料平养技术简便易行，设备投资少，利于农作物废弃物再利用和粪污资源化利用；② 垫料吸潮、消纳粪便等污染物，有利于改善鸡舍环境质量；③ 垫料松软，保持垫料处于良好状态可减少腿病和胸囊肿的发生，提高鸡肉品质。

厚垫料平养方式的技术缺点：① 优质垫料如稻壳、锯末等需求量大，成本较高，而且不同地区的供应状况不同，很难在全国普遍推广；② 虽然垫料对废弃物有一定的消纳能力，但鸡群与垫料、粪便等直接接触，如果操作管理不当，容易发生球虫病等疾病。

（2）离地网上平养　图 1–5、图 1–6 是在地板网床上的饲养方式。

图 1–5 网床支架

图 1–6 肉鸡生活在网床上

网床由网底、网架、网围组成，网子高 80~100 厘米，网底用塑料制成。总的要求是平整光滑、有弹性、耐腐蚀。网眼孔隙大小适当，网架要求坚固，耐腐蚀，网围要求与网床垂直，高 50~60 厘米。

离地网上平养方式的技术优点：① 网床饲养为自动清粪提供了条件，减少了鸡粪在舍内发酵所产生的有害气体排放，从根本上改善了鸡舍环境条件；② 网上平养使鸡离开地面，减少了与粪便的接触，降低了球虫等疫病的发生概率，有助于减少药物投放，提高食品安全水平。

离地网上平养方式的技术缺点：相比地面厚垫料饲养模式，尽管节省了平时购置垫料的费用，但需要购置网床设备，一次性设备投资较大。

2. 肉鸡的群居性强，适合笼养，特别是现代化饲养（规模化标准化饲养）

鸡的群居性强，在高密度的笼养条件下仍能表现出很高的生产性能。另外鸡的粪便、尿液比较浓稠，饮水少而又不乱甩，这给机械化饲养管理创造了有利条件（图 1–7）。尤其是鸡的体积小，每只鸡占笼底的面积仅 400 厘米^2，即每平方米笼底面积可以容纳 25 只肉鸡。所以在畜禽养殖业中，工厂化饲养程度最高的是鸡的饲养。

（1）笼养　肉鸡从育雏到出栏一直在笼内饲养（图 1–8）。肉鸡笼养本身有增加饲养密度，减少球虫病发生，提高劳动效率，便于公母分群饲养等优点。但因底网硬、鸡活动受限、胸囊肿出现的概率大、商品合格率低，一次性投资大。

图 1–7　肉鸡机械化养殖

图 1–8　肉鸡笼养

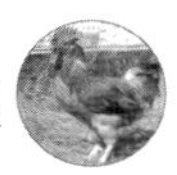

笼养模式便于实现喂料、饮水、清粪等自动化操作，效率显著提高。层叠式笼养还能够实现肉鸡出栏的自动化操作，利用传送带把肉鸡送出鸡舍。自动化水平的提高不仅可以解决肉鸡生产劳动力不足的现实问题，还可降低工作人员进出带来的生物安全风险，对提高养殖水平和产品质量安全具有重要意义。

肉鸡笼养方式的技术优点：① 节约土地资源；② 饲养密度的增加，可以充分利用鸡群自身产热维持鸡舍温度，同时，环境控制所需的能源等利用效率显著提高；③ 该模式便于提升机械化、自动化水平，实现了“人管设备、设备养鸡、鸡养人”，饲养管理人员只需管理设备的正常运行，挑选病死鸡等，劳动效率显著提高。

肉鸡笼养方式的技术缺点：① 设备一次性投资大；② 人员素质要求高。

（2）现代化饲养（规模化标准化饲养）　是以现代工业装备养鸡业，以现代科技武装养鸡业，以现代管理论和方法经营养鸡业，这个过程就是现代化养鸡（图 1–9、图 1–10）。其基本特征是科学化、集约化、商品化、市场化；基本特点是高产、优质、低耗、高效；基本要求是专业化、一体化、现代化。我国养鸡业正向着这方面努力，有许多养殖企业创出了经验，作出了巨大贡献。

图 1–9　现代化鸡舍

图 1–10　现代化装备

3. 优质肉鸡喜挖刨觅食，适合生态放养

（1）散放饲养　果园下养殖（图 1–11）和丰产林下养殖（图 1–12）是鸡群放养模式中比较粗放的一种模式，是把鸡群放养到放牧场地内，在场地内鸡群可以自由走动，自主觅食。这种放养模式一般适用于饲养规模较小、放牧场地内野生饲料不丰盛且分布不均匀的条件下。适用于果园、丰产林下养殖。

图 1-11　果园下养殖

图 1-12　丰产林下养殖

（2）分区轮流放牧　这是鸡群放牧饲养中管理比较规范的一种模式。它是在放牧养鸡的区域内将放牧场地划分为 4~7 个小区，每个小区之间用尼龙网隔开，先在第一个小区放牧鸡群，2 天后转入第二个小区放养，依此类推。这种模式可以让每个放养小区的植被有一定的恢复期，能够保证鸡群经常有一定数量的野生饲料资源提供。

（3）流动放牧　这种放养鸡群的方式相对较少，它是在一定的时期内，在一个较大的场地中或不连续的多个场地中放牧鸡群。在某个区域内放牧若干天，将该区域内的野生饲料采食完后，把鸡群驱赶到相邻的另一个区域内，依次进行放牧。这种放养方式没有固定的鸡舍，而是使用帐篷作为鸡群休息的场所。每次更换放牧区域都需要把帐篷移动到新的场地并进行固定。

（4）带室外运动场的圈养　在没有放养条件的地方，发展生态养鸡可以采用带室外运动场的圈养方式（图 1-13）。这种方式是在划定的范围内按照规划原则建造鸡舍，在鸡舍的一侧，划出面积为鸡舍 5 倍的场地作为该栋鸡舍的室外运动场。运动场内可以栽植各种乔木。在一些农村，有闲置的场院和废弃的土砖窑、破产的小企业等，这些地方都可以加以修整用于养鸡。

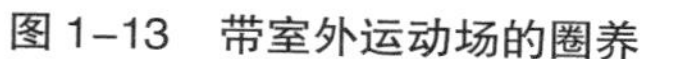

图 1–13　带室外运动场的圈养

图 1–14　鸡场要科学选址

（二）肉鸡对环境变化敏感，要求科学选址，精心管理

1. 选址要科学（图 1–14）

① 鸡场选择在地势较高、通风良好，开阔、干燥的没有养过牲畜和家禽的地方。周围应筑有围墙，并且要求排水方便，水源充足，水质良好，电源充足，沙质土壤，离公路、河流、村镇（居民区）、工厂、学校和其他畜禽场 500 米以外，特别是与畜禽屠宰场、肉类和畜产品加工厂距离应在 1 500 米以上。

② 原种鸡场、种鸡场、孵化场和商品（肉、蛋）鸡场以及育雏、育成车间（场）必须严格分开，相距 500 米以上，并要有隔离林带。各类鸡场的鸡舍间距离应在 50 米以上。

③ 鸡场应远离铁路、交通要道、车辆来往频繁的地方，距离在 500 米以上，与主要交通干线要有一定的距离，最好在 5 千米以上，与次级公路也应有 100~200 米的距离。

④ 鸡场应远离重工业工厂和化工厂。因为这些工厂排放的废水、废气中，经常含有重金属、有害气体及烟尘，污染空气和水源。它不但危害鸡群健康，而且这些有害物质在蛋和肉中积留，对人体有害。

⑤ 鸡场周围要有风向口，不能形成死风。不要把鸡场建设在村庄的上风向，以防氨气味、鸡毛等污物顺风飘到村庄。排水要尽可能地排到活水渠或河里，不要沉积在鸡场周围。污水的处理最好能结合农田灌溉和养殖业的综合利用，进行生物循环，以免造成公害。场地要合理规划，有利于农、林、牧、副、渔业综合利用，如鸡粪喂猪，猪粪喂鱼等。

2. 提供稳定适宜的养鸡环境

肉鸡对环境的适应能力较弱，要求有比较稳定适宜的环境。

（1）湿度　肉鸡饲养的前 1~2 周应保持较高的相对湿度，特别是育雏的头 3 天。

雏鸡脱水表现身体干瘪，饮水量增加，1 周内死亡率较高（图1–15），这是育雏环境干燥的重要信号。育雏前期过于干燥，雏鸡饮水过多，也会影响鸡正常的消化吸收。饲养后期应保持较低的湿度。

图 1–15　雏鸡脱水干瘪消瘦

一般在 10 日龄前因舍内温度高、干燥；雏鸡的饮水量及采食量非常小，要适当地往地面洒水（图 1–16）或用加湿器补湿（图 1–17），将相对湿度控制在 60%~70%。随着雏鸡日龄增加，鸡的饮水量、采食量也相应增加，相对湿度应控制在 50%~60%。14~40 日龄是球虫病易发病期，所以注意保持舍内干燥，防止球虫病发生。

（2）温度　肉雏鸡所需的适宜温度要比蛋雏鸡高 1~2℃，肉雏鸡达到正常体温的时间也比蛋雏鸡晚 1 周左右。肉鸡稍大以后也不耐热，在夏季高温时节，容易因中暑而死亡。

雏鸡扎堆，严重时大量雏鸡挤压窒息，这是育雏温度低的重要信号（图 1–18）；而雏鸡远离热源，饮水增加，则是育雏温度过高的信号（图 1–19）。

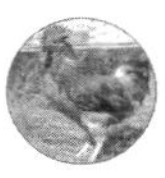

图 1–16　走道上洒水加湿

图 1–17　手推式离心加湿器

图 1–18　雏鸡扎堆

图 1–19　雏鸡远离热源

（3）通风换气　在保持鸡舍适宜温度的同时，良好的通风是极为重要的。肉鸡的迅速生长，对氧气的需要量较高。如饲养早期通风换气不足，就可能增加腹水征的发病率。

良好的通风可以排出舍内水气、氨气、尘埃以及多余的热量，为鸡群提供充足的新鲜空气。通风不良，氨气浓度大时会给生产带来严重损失。

（4）光照　对商品肉鸡而言，光照的目的主要是方便采食、休息。

（5）饲养密度　饲养密度是否合适，主要是看能否始终维持鸡舍内适宜的生活环境。应根据鸡舍的结构和鸡舍调节环境的能力，按照季节和肉鸡的最终体重来增减饲养密度。如果饲养密度过大，肉鸡休息、饮食都不方便，秩序混乱，环境越来越恶化，则鸡群自然生长缓慢，疾病增多，生长不一致，死亡率增加。冬季地面平养，因为通风受温度的限制，易发生呼吸道病，一般情况下不宜增加饲养密度。经验不足的养殖户，开始应以较低的密度饲养肉鸡，才能获得较高的成功率。

（三）肉鸡生长速度快，抗病能力差，需要提供全价优质饲料

1. 提供全价优质饲料

肉鸡有很高的生产性能，表现为生长迅速，饲料报酬高，周转快肉鸡在短短的 56 天，平均体重即可从 40 克左右（图 1–20）长到 3 000 克以上（图 1–21），8 周间增长 70 多倍，而此时的料肉比仅为 2.1 ∶ 1 左右。因此，必须供给足量的全价优质饲料。

图 1–20　1 日龄雏鸡

图 1–21　56 日龄快大型肉鸡

2. 预防猝死症、腹水征、腿病

肉鸡的快速生长也使机体各部分负担沉重，特别是 3 周内的快速增长，使机体内部始终处在高应激状态下，因而容易发生肉鸡特有的猝死征和腹水征。同时，肉鸡的骨骼生长不能适应体重增长的需要，容易出现腿病。另外，由于肉鸡胸部在趴卧时长期支撑体重，如后期管理不善，常常会发生胸部囊肿。

3. 预防传染病

由于鸡解剖学上的特点，决定了鸡只的抗病力差。尤其是鸡的肺脏与很多的胸腹气囊相连，这些气囊充斥于鸡体内各个部位，甚至进

入骨腔中，所以鸡的传染病由呼吸道传播的多，且传播速度快、发病严重、死亡率高，不死也严重影响正常生长发育。

三、肉鸡的生理特点

（一）消化生理特点

1. 消化过程

（1）口腔消化　鸡的喙具有尖锐而平滑的边缘，适合采食坚硬而细小的饲料（图 1–22）。采食后不经咀嚼，只是短暂停留混合唾液后就吞咽下去，并借食管的蠕动进入嗉囊或腺胃。

鸡正常饮水的典型信号是：饮水时将头低下，水吸入口腔后关闭口腔，并将头抬高，于是水靠重力进入食管（图 1–23）。

图 1–22　鸡的喙尖锐而平滑

图 1–23　雏鸡的饮水信号

（2）嗉囊消化　嗉囊的主要功能是贮存、软化食料，另外，嗉囊内的微生物（如乳酸杆菌）和饲料中的酶均可对食料进行粗略消化产生有机酸。

嗉囊内的食料借囊壁肌层的收缩而进入胃中。收缩方式为蠕动和排空运动。当胃空虚时，通过神经反射引起嗉囊运动，将食料挤出一部分到胃，胃充满后则停止收缩。

（3）胃的消化　食料入腺胃后由腺胃分泌胃液与食料混合。但由于腺胃容积小，食料在腺胃内只作短暂停留即进入肌胃，故胃液中蛋白酶的消化作用主要在肌胃内进行。腺胃的主要功能是分泌胃液，胃液为酸性液体，主要含胃蛋白酶原和盐酸，在酸性环境下，胃蛋白酶原转变为胃蛋白酶，后者对蛋白质有消化、分解作用。腺胃的分泌是连续性的，其分泌量为每小时5~30毫升，但饲喂时分泌量增加，饥饿时则分泌量减少。腺胃的运动是周期性的收缩和舒张，饥饿时约每隔1分钟收缩1次。肌胃有发达的肌层，收缩力强，内腔又含有沙砾，主要功能是磨碎食料。肌胃运动是周期性的，每分钟收缩2~3次，每次持续时间为20~30秒。

（4）小肠的消化　主要是消化液中的酶对蛋白质、脂肪和糖类进行充分消化，消化的最终产物经小肠黏膜吸收。小肠内的消化液有三种，即肠液、胰液和胆汁。

肠液：为淡黄色液体，由肠腺所分泌。肠液内除含有蛋白酶、脂肪酶和淀粉酶外，还含有多种糖酶、肠激酶。

胰液：由胰的外分泌部分泌，为淡黄色、透明、微黏稠。其中含有胰蛋白酶、胰脂肪酶、胰淀粉酶，这对蛋白质、脂肪和糖类有很强的消化作用。

胆汁：为绿色带苦味的液体，主要成分为胆盐，可乳化脂肪（即将脂肪滴乳化为脂肪微滴），利于脂肪酶的消化。

小肠的运动主要是蠕动和分节运动，一方面使食糜与消化液充分混合，利于消化吸收，另一方面可推送食糜向后移动。

（5）大肠的消化　食糜由小肠进入大肠后，一部分进入盲肠，在盲肠内进行微生物的发酵作用，可使纤维素发酵产生低级脂肪酸，并合成B族维生素和维生素K等，另一部分进入直肠。直肠主要是吸收盐类和水分，形成粪便后排入泄殖腔，与尿液混合后排出体外。

2. 吸收

饲料在口腔和食管内滞留时间短，所以不进行吸收。在嗉囊内停留时间较长，但大部分营养成分没有被消化，所以吸收作用不大。在腺胃和肌胃内的营养物质仅是初步消化，吸收作用也很小。在小肠内食糜停留时间长，消化酶能充分分解营养物质，再加上肠绒毛增加吸收面积，故小肠是消化、吸收营养的主要部位。营养物质被小肠黏膜吸收后进入血液，并由血液运输到其他器官。大肠主要是吸收盐类和水分。

（二）呼吸生理特点

鸡的呼吸频率为每分钟 22~25 次。吸气时主要是肋间外肌收缩，使体腔容积增大，气囊的容积也随之增大，于是肺及气囊内呈负压（气压低于外界大气压），新鲜空气进入肺和气囊。相反，呼气时肋间内肌收缩，体腔容积减小，肺及气囊内压升高，迫使气体经呼吸道及口腔排出体外。所以，吸气和呼气都是主动的过程。

气囊在气体交换过程中具有相当重要的作用。气囊的容积很大，比肺的容积大 5~7 倍，在呼吸过程中气囊类似风箱的作用。吸气时驱使气体通过肺进入所有支气管及肺房和肺毛细管，并充满气囊，呼气时则气体向相反方向流动。因此，肺虽然体积小，但由于在一个呼吸周期中气体有两次循环，保证了肺毛细管在吸气和呼气时均能与血液进行气体交换，以适应强烈的新陈代谢功能。禽类的氧利用效率为 54%~60%，而家畜仅为 20%~30%，远远超出家畜肺进行气体交换的能力。

（三）生殖生理特点

1. 公鸡生殖生理

（1）交配　公鸡的求偶行为包括在母鸡周围作旋转运动，待母鸡俯卧后则公鸡爬上，或伸长颈部从母鸡后面强行爬上进行踩踏（图 1–24）。交配时，公鸡和母鸡肛门外翻，泄殖道彼此靠近，由于淋巴流入公鸡的交配器而膨胀，阴茎体外侧乳头明显增大，从输精管乳头射出的精液进入阴茎沟，并沿着阴茎沟流入母鸡泄殖道外翻而突出的输卵管口。交配动作完成后，淋巴回流，阴茎体恢复到原来状态。

图 1–24　鸡的求偶与交配行为

（2）精液　由精子和精清组成，为白色黏稠不透明的悬浮液，弱碱性，pH 值在 7.0~7.6。

雏公鸡出壳后一般 10~12 周龄即可产生精液，但只有到 22~26 周龄时，在自然交配情况下，才能获得满意的精液量和受精力。鸡没有副性腺（精囊腺、前列腺和尿道球腺），所以射精量少。一次射精量为 0.6~0.8 毫升，每立方毫米精液中约有精子 350 万个。

2. 母鸡生殖生理

（1）排卵和蛋的形成　在产蛋期母鸡的卵巢内有许多不同发育时期的卵泡，每一卵泡中有一个卵细胞。随着卵泡的发育，卵细胞内也不断贮积卵黄，卵泡随之逐渐增大。当卵泡发育成熟后，卵泡膜破裂排出卵细胞，随即被输卵管漏斗收纳，在此停留 15~25 分钟，如遇精子即进行受精。另外腺体的分泌物形成卵系带附着在卵的两端，以固定卵的位置。然后，借输卵管的蠕动和黏膜上皮纤毛的摆动将受精卵向后推送。

卵进入膨大部停留时间较长，大约 3 小时。在此处腺体分泌黏稠胶状的蛋白包围在卵的周围，构成蛋的全部蛋白。再向后到峡部，由峡部分泌黏性纤维在蛋白外周形成内、外壳膜。卵在子宫内停留时间最长，约 20 小时。在此处有水分和盐类透过壳膜加入浅层蛋白中，将浅层蛋白稀释成稀蛋白。另外，子宫腺的分泌物含有碳酸钙、镁等物质，沉积在壳膜外形成蛋壳。蛋壳的色素也是在子宫内形成的。

需要说明的是，不管卵巢排出的卵在漏斗内受精与否，都将按照上述顺序进行，并形成具有硬壳的蛋。所以，蛋有受精的和非受精的两种。

当蛋完全形成后即要产出。产蛋时，靠子宫、阴道和腹壁肌肉的收缩，迫使蛋经阴道及泄殖道排出体外。在连续产蛋的情况下，鸡一般在前 1 个蛋产出后约 30 分钟，卵巢即排出下 1 个卵。大多数良种鸡两次产蛋的间隔时间为 24~26 小时。

（2）受精　精子和卵子结合的过程叫受精，此过程在输卵管漏斗内进行。受精的结果形成合子即新个体发育的开始。卵从卵巢排出后一般 15 分钟内如遇精子则很快受精。

在自然交配后，部分精子 1 小时可到达漏斗，另一部分精子则贮

存在阴道腺内，以备陆续释放。

四、肉鸡的品种与选择

优质、健康的雏鸡是取得养殖成功的重要前提，只有品种优良的雏鸡，才能具备优良的生产性能，如抗病力强、生长速度快、饲料转化率高等；只有个体健康的雏鸡，才能在饲养过程中少发病，才能健康生长。

（一）肉鸡的品种

我国的鸡品种资源丰富，以羽毛黄色、黑色和麻色居多。各地区的地方鸡种统称为土鸡。土鸡虽然生长速度较国外快大型鸡慢，但肉质风味鲜美，深受广大民众青睐。因此，肉用土鸡市场份额越来越大。

1. 如何识别肉鸡品种

目前饲养的肉鸡品种分类　目前我国饲养的肉鸡品种主要分为两大类型。一类是快大型白羽肉鸡（图 1–25），一般称为肉鸡或肉食鸡。快大型肉鸡的主要特点是生长速度快，饲料转化率高。正常情况下，42 天体重可达 2 650 克，饲料转化率 1.76，胸肉率 19.6%。

图 1–25　快大型白羽肉鸡

另一类是黄羽肉鸡（图 1–26），一般称为黄鸡，也称优质肉鸡。优质肉鸡与快大型肉鸡的主要区别是生长速度慢，饲料转化率低，但适应性强，容易饲养，鸡肉风味品质好，因此受到中国（尤其是南方地区）和东南亚地区消费者的广泛欢迎。

图 1–26　黄羽肉鸡

2. 常见的快大型白羽肉鸡品种

当前，市场上的主养品种主要有：AA^+、艾维茵、罗斯 308 等。

（1）AA^+ 肉鸡　爱拔益加肉鸡简称 AA^+ 肉鸡（图 1–27）。该品种由美国爱拔益加家禽育种公司育成，四系配套杂交，白羽。体型大，生长发育快，饲料转化率高，适应性强。

图 1–27　AA^+ 肉鸡

（2）艾维茵（图 1–28）　原产美国，是美国艾维茵国际有限公司培育的三系配套、显性白羽肉鸡。体型饱满，胸宽、腿短、黄皮肤，具有增重快、成活率高、饲料报酬高的优良特点。适于全国绝大部分地区饲养，适宜集约化养鸡场、规模化鸡场、专业户

和农户。

（3）罗斯 308（图 1–29）　隐性白羽肉鸡，实际上是属于快大型白羽肉鸡中的某些品系。羽毛的白色为隐性性状。生长快、饲料报酬高、适应性与抗病力较强，全期成活率高。

图 1–28　艾维茵肉鸡

图 1–29　罗斯 308

3. 常见优质肉鸡品种

我国有很多优质肉鸡品种，多数是蛋肉兼用鸡经长期选育而成，也有一部分是地方品种与引进的快大型肉鸡品种进行杂交培育而成。

（1）北京油鸡（图 1–30）　具有冠羽（凤头）和胫羽，少数有趾羽，有的有冉须，常称三羽（凤头、毛脚和胡须），并具有“S”形冠。羽毛蓬松，尾羽高翘，十分惹人喜爱。平均活重 12 周龄 959.7 克，养殖 20 周龄公鸡 1 500 克，母鸡 1 200 克。肉质细嫩，肉味鲜美，适合多种传统烹调方法。

图 1–30　北京油鸡

（2）固始鸡（图 1–31）　该品种个体中等，外观清秀灵活，体型细致紧凑，结构匀称，羽毛丰满。羽色分浅黄、黄色，少数黑羽和白羽。冠型分单冠和复冠两种。90 日龄公鸡体重 487.8 克，母鸡体重 355.1 克，养殖 180 日龄公母体重分别为 1 270 克、966.7 克。

图 1-31　固始鸡

（3）桃源鸡（图 1-32）　体质硕大、单冠、青脚、羽色金黄或黄麻、羽毛蓬松、呈长方形。公鸡姿态雄伟，性勇猛好斗，头颈高昂，尾羽上翘；母鸡体稍高，性温顺，活泼好动，后躯浑圆，近似方形。成年公鸡体重（3 342 ± 63.27）克，母鸡（2 940 ± 40.5）克。肉质细嫩，肉味鲜美。

图 1-32　桃源鸡

（4）河田鸡（图 1-33、图 1-34）　体宽深，近似方形，单冠带分

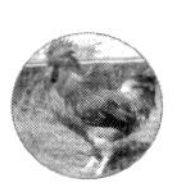

叉（枝冠），羽毛黄羽，黄胫。耳叶椭圆形，红色。养殖 90 日龄公鸡体重 588.6 克，母鸡 488.3 克，150 日龄公母体重分别为 1 294.8 克、1 093.7 克。河田鸡是很好的地方鸡肉用良种，体型浑圆，屠体丰满，皮薄骨细，肉质细嫩，肉味鲜美，皮下腹部积贮脂肪，但生长缓慢，屠宰率低。

图 1–33　河田鸡公鸡

图 1–34　河田鸡母鸡

（5）丝羽乌骨鸡（图 1–35）在国际标准品种中被列入观赏鸡，在我国作为肉用特种鸡大力推广应用。头小、颈短、脚矮、体小轻盈，它具有“十全”特征，即桑葚冠、缨头（凤头）、绿耳（蓝耳）、胡须、丝羽、五爪、毛脚（胫羽，白羽）、乌皮、乌肉、乌骨。除了白羽丝羽乌鸡外，还培育出了黑羽丝毛乌鸡。150 日龄公、母体重分别为 913.8~1 460 克、851.4~1 370 克。

图 1–35　丝羽乌骨鸡

（6）茶花鸡（图 1–36、图 1–37）体型矮小，单冠、红羽或红麻羽色、羽毛紧贴、肌肉结实、骨骼细嫩、体躯匀称、性情活泼、机灵胆小、好斗性强、能飞善跑。茶花鸡养殖 150 日龄公、母体重分别为 750 克、760 克。

图 1–36　茶花鸡公鸡

图 1–37　茶花鸡母鸡

（7）寿光鸡（图 1–38、图 1–39）　肉质鲜嫩，营养丰富，在市场上以高出普通鸡 2~3 倍的价格，成为高档宾馆、酒店、全鸡店和婚宴上的抢手货。

图 1–38　寿光鸡公鸡

图 1–39　寿光鸡母鸡

（8）狼山鸡（图 1–40）　产于江苏省如东境内。该鸡属蛋肉兼用型。体型分重型和轻型两种，体格健壮。狼山鸡羽色分为纯黑、黄色和白色，现主要保存了黑色鸡种，该鸡头部短圆，脸部、耳叶及肉垂均呈鲜红色，白皮肤，黑色胫，部分鸡有凤头和毛脚。500 日龄成年体重公鸡为 2 840 克，母鸡为 2 283 克。

图 1-40　狼山鸡

（9）萧山鸡（图 1-41）　产于浙江萧山，分布于杭嘉湖及绍兴地区。本品种为蛋肉兼用型品种，萧山鸡体型较大，外形近似方而浑圆，公鸡羽毛紧凑，头昂尾翘。红色单冠、直立。全身羽毛有红、黄两种，母鸡全身羽毛基本黄色，尾羽多呈黑色。单冠红色，冠齿大小不一。喙、胫黄色。成年体重公鸡为 2 759 克，母鸡为 1 940 克。

图 1-41　萧山鸡

（10）大骨鸡（图 1-42）　主产辽宁省庄河市，吉林、黑龙江、山东、河南、河北、内蒙古等省区也有分布。属蛋肉兼用型品种。大骨鸡体型魁伟，胸深且广，背宽而长，腿高粗壮，腹部丰满，墩实有力，以体大、蛋大、口味鲜美著称。觅食力强。公鸡羽毛棕红色，尾羽黑色并带金属光泽。母鸡多呈麻黄色，头颈粗壮，眼大明亮，单冠，冠、耳叶、肉垂均呈红色。喙、胫、趾均呈黄色。

图 1-42 大骨鸡

（11）藏鸡（图 1-43） 分布于我国的青藏高原。体型轻小，较长而低矮，呈船形，好斗性强。黑色羽多者称黑红公鸡，红色羽多者称大红公鸡。还有少数白色公鸡和其他杂色公鸡。母鸡羽色较复杂，主

图 1-43 藏鸡

要有黑麻、黄麻、褐麻等色，少数白色，纯黑较少。但云南尼西鸡则以黑色较多，白色麻黄花次之，尚有少数其他杂花、灰色等。

（二）肉鸡品种的选择

选择什么样的肉鸡品种进行饲养，要视当地消费特点、经济条件、气候特点，结合屠宰要求、品种特点等灵活选择。

1. 根据当地肉鸡消费习惯选择

养殖户可以根据当地肉鸡消费的特点，确定选择养什么品种，也就是说养什么样品种的鸡好卖就养什么品种。如当地有肉鸡加工企业或大型肉鸡公司，快大型肉鸡品种销路好，就可以饲养艾维茵肉鸡、AA^+ 肉鸡等品种；还可以饲养公司、合作社“放养”的品种，也就是选择“公司＋农户”的饲养方式；如果本地区对土种鸡的需求量较大，就可以饲养我国的地方品种肉鸡。

2. 考虑自己的经济条件

养殖快大型肉鸡品种对饲料以及饲养环境要求相对较高，鸡舍建设投入相对较高，因此应根据自己的经济条件选择饲养的品种，一开始规模不应太大。如资金较少，可以建简易的大棚饲养一些适应能力和抗病能力较强的地方品种。

3. 考虑当地的环境条件

建设鸡舍需要很大的面积，一般饲养 2 000~3 000 只肉鸡，需要建造长 30 米，宽 9.5~10 米，高 3 米左右的鸡舍。如果在山地附近居住，不好修建如此大的鸡舍，应考虑饲养土种鸡，选择放养的饲养方式。

技能训练

肉鸡品种的识别

【目的要求】认识不同肉鸡品种的体型外貌特征和生产性能。

【训练条件】提供肉鸡、标本、品种图片或幻灯片等材料。

【操作方法】展示活鸡或标本，放映肉鸡品种图片或幻灯片，了解快大型肉鸡标准品种、地方优质肉鸡品种，识别每个类型中的部分著名品种，并了解其外貌特征和生产性能。

【考核标准】

1. 根据以下活鸡或标本、品种图片或幻灯片，能正确辨认品种类型和识别品种。

快大型肉鸡中的AA^{+}、艾维茵、罗斯308，地方优质肉鸡中的北京油鸡、固始鸡、桃源鸡、河田鸡、丝羽乌骨鸡、茶花鸡、寿光鸡、狼山鸡、萧山鸡、大骨鸡、藏鸡等。

2. 能说出当地主要饲养的肉鸡品种及其生产性能和主要的优缺点。

思考与练习

1. 肉鸡饲养员的岗位要求有哪些？应该具备哪些基本素质和要求？

2. 简述肉鸡的正常外貌特征。

3. 肉鸡有哪些生物学特性和生理特点？

第二章　肉鸡场养殖常用设备与管理

知识目标

1. 熟悉肉鸡常用喂料设备的结构和使用。
2. 掌握自动饮水系统的正常操作和维护。
3. 能正确使用水帘。
4. 能熟练操作肉鸡笼养刮粪系统的使用和管理。

技能要求

能熟练操作肉鸡养鸡场的各种机械设备。

第一节　常用设备

一、常用喂料设备

1. 开食盘

适用于雏鸡最初几天饲养，目的是让雏鸡有更多的采食空间，开食盘有方形、圆形等不同形状。面积大小视雏鸡数量而定，一般为60~80只/个，圆形开食盘直径为350毫米或450毫米，多用塑料制成

（图 2-1）。

2. 圆形饲料桶（图 2-2）

可用塑料和镀锌铁皮制作，主要用于平养。圆形饲料桶置于一定高度，料桶中部有圆锥形底，外周套以圆形料盘。料盘直径 30~40 厘米，料桶与圆锥形底间有 2~3 厘米的间隙，便于饲料流出。通常规格有 2 千克、4 千克两种。

图 2-1　圆形开食盘

图 2-2　圆形饲料桶

3. 料槽

合理的料槽应该是表面光滑平整、采食方便、不浪费饲料、鸡不能进入、便于拆卸清洗消毒。制作料槽的材料可选用木板、竹筒、镀锌板等。常见的料槽为条形（图 2-3）或“V”字形（图 2-4），主要用于笼养鸡。

图 2-3　条形料槽

图 2-4　“V”字形食槽

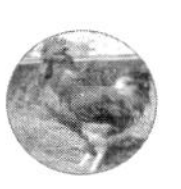

二、自动喂料系统

（一）常见喂料系统

1. 链条式喂料系统

包括料箱、驱动装置、支架型链式喂料系统（图 2-5、图 2-6），能够保证将饲料均匀、快速、及时地输送到整栋鸡舍。

图 2-5　自动链条式供料系统

图 2-6　链条式供料

2. 行车式喂料系统

包括地面料斗（图 2-7）、输料管道及管道内螺旋弹簧、动力，将饲料输送到鸡舍内的行车式喂料机（图 2-8）。

图 2-7　地面料斗

图 2-8　行车式喂料机

3. 斗式喂料系统

包括室外储料塔（图 2-9）、输料管道及管道内螺旋弹簧、动力，将饲料输送到鸡舍内的行车式斗式喂料车（图 2–10）。

图 2–9　给储料塔加料

图 2–10　斗式喂料车

4. 塞盘式喂料系统

包括室外料塔、输料管道及塞盘式给料机（图 2–11），将饲料输送到鸡舍内的塞盘式给料系统（图 2–12）。

图 2–11　塞盘式给料机

图 2–12　塞盘式给料系统

5. 上料车

标准化鸡场可配备自动上料车（图 2–13）。自动化程度比较低的鸡场或者大棚养鸡场，可根据鸡舍内走道宽窄，自己焊制手推车上料（图 2–14）。

图 2-13　标准化鸡场的自动上料车

图 2-14　手推车

（二）肉鸡笼养自动喂料系统的使用与管理

正确的投料方式在笼养鸡舍管理中是仅次于通风的一项重要的工作，投料方式不正确，不仅会造成饲料浪费、鸡的食欲下降，更会由于发霉变质的原因造成鸡的中毒死亡，抵抗力下降。

① 开机前检查是否有人站在危险处，机器在行走和开机前，禁止脚踏在料车的轨迹上面。

② 将喂料机开到主料线下，打满一个料仓关闭一个，最后关闭主料线。

③ 将每一个料仓内的料抚平，放出下料管内的料。

④ 投料前要检查料量控制口大小是否均匀。

⑤ 前进 15 米要立即停止，逐一检查每个食槽，确认均匀后方可正式启动饲喂。

⑥ 要保持每天至少有一次使鸡将槽内的饲料吃净，以保证槽内始终是新鲜饲料，防止饲料发霉变质。各场要制定统一的清槽时间，以确保清槽的质量。

⑦ 清槽前饲养员要做到以下几点。

a. 清槽前一次投料，要单独投料，即喂料器开启最多同时向六条食槽供料，最好三条，喂料前其他插板（上）关严，喂料时饲养员在喂料器前检查食槽剩料情况，尽量确保槽内饲料均匀。

b. 喂料后 2 小时开始第一次匀料，饲养员检查槽内饲料。剩料过多的匀到无料或剩料少的地方。

c. 舍内饲料大部分吃完后，饲养员进行最后一次匀料，未吃完的地方要用撮子匀到无料的地方，使舍内各个地方余料基本吃完。

⑧ 喂料时间。由于是机械化投料，再加上鸡的采食量逐日递增，所以不应设固定的时间饲喂，但必须有至少 1/3 的地方吃净，1/3 的地方基本吃净，方可进行下一次饲喂（鸡只两小时不进食，不会影响鸡的生长和采食量）。

⑨ 要及时清理槽内粪便，免使饲料遭到污染。

⑩饲喂 512 #、513 #料要绝对禁止同时投料，由于 512 #、513 #粒大，很容易导致下料口堵塞，因此只允许同时向 6 趟食槽（一条走道的两面）投料。饲养员要走在料机后面，以检查料机是否正常下料。

⑪ 一次喂料结束后，喂料机要置放在鸡舍下端，以便于对鸡舍的检查和管理，匀完料后于下次投料前 1 小时开回。

三、饮水系统

（一）饮水系统的组成及功能

一个完备的舍内自动饮水系统应该包括过滤器（图 2–15、图2–16）、加药器、减压水箱（调压阀，图 2–17）、消毒和软化装置，以及饮水器及其附属的管路（水线）等。其作用是随时都能供给肉鸡充足、清洁的水，满足鸡的生理要求，但是软化装置投资大，设备复

图 2–15　过滤器（一）

图 2–16　过滤器（二）

图 2-17　减压水箱

杂，一般难以做到很理想的程度，可以根据当地水质硬度情况给以灵活安排。

目前，肉鸡常用的饮水器有水槽、乳头式、杯式、真空式、吊塔式等。其中最常用的饮水器主要有以下几种。

1. 水槽

主要用于笼养肉种公鸡。水槽的截面有“V”形和“U”形（图 2-18），多为长条形塑料制品，能同时供多只鸡饮用。水槽结构简单，成本低廉，便于直观检查。缺点是耗水量大，公鸡在饮水时容易污染水质，增加了疾病的传播机会。水槽应每天定时清洗消毒。水槽的水量控制有人工加水或水龙头长流水。

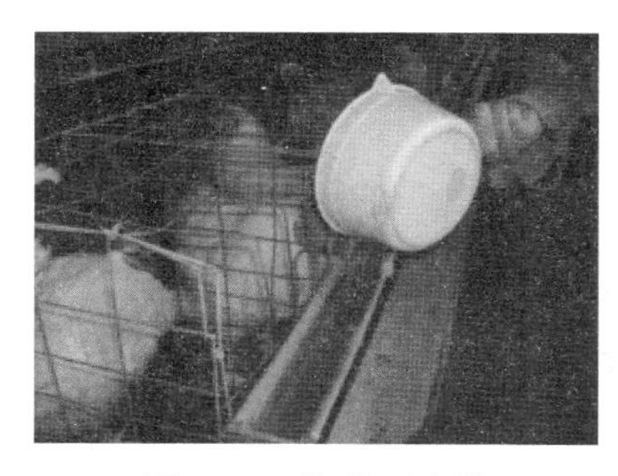

图 2-18　“U”形水槽

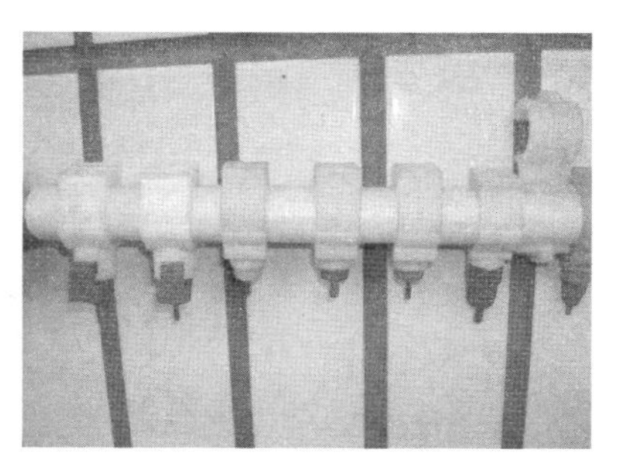

图 2-19　乳头式饮水器

2. 乳头式饮水器

分为锥面、平面和球面密封型三大类，设备利用毛细管原理，在阀杆底部经常保持挂有一滴水，当鸡啄水滴时便触动阀杆顶开阀门，使水自动流出供其饮用；平时则靠供水系统对阀体顶部的压力，使阀体紧压在阀座上防止漏水。乳头式饮水器（图 2–19、图 2–20）适用于 2 周龄以上肉鸡。

图 2–20　乳头式饮水系统

3. 杯式饮水器

杯式饮水器（图 2–21）由杯体、杯舌、销轴和密封帽等组成，它安装在供水管上。杯式饮水器供水可靠，不易漏水，耗水量小，不易传染疾病，主要缺点是鸡饮水时将饲料残渣带进杯内，需要经常清洗，清洗比较麻烦。

图 2–21　杯式饮水器

4. 塔形真空饮水器

由一个上部呈馒头形或尖顶的圆桶，与下面的1个圆盘组成（图2–22）。圆桶顶部和侧壁不漏气，基部离底盘高2.5厘米处开1~2个小圆孔，圆桶盛满水后，当底盘内水位低于小圆孔时，空气由小圆孔进入桶内，水就会自动流到底盘；当盘内水位高出小圆孔时，空气进不去，水就流不出来。这种饮水器结构简单，使用方便，便于清洗消毒。

图2–22　真空饮水器

图2–23　吊塔式饮水器

5. 吊塔式饮水器

主要用于平养肉鸡。饮水器吊在鸡舍内，高度可调，不妨碍鸡的自由活动，又使鸡在饮水时不能踩入水盘，可以避免鸡粪等污物落入水中。顶端有进水孔用软管与主水管相连。使用吊塔式饮水器（图2–23）时，水盘环状槽的槽口平面应与鸡背等高。

（二）饮水系统的操作及保养

1. 过滤器的操作及保养

① 进出水压表的差值不能超过2个刻度（以内圈为准）。若超过2个刻度应清洗滤心或返冲。

② 出鸡后要取出滤心清洗干净，进鸡后要每天进行返冲一次。

2. 加药器的操作及保养

① 加药器在使用前，检查其吸水管、过滤网是否完整，测定加药

器比例，水阀是否好用。

② 使用时将吸水管头置入药液中，打开加药水阀，关闭清水阀，手按加药器顶部的按钮放气。

③ 加完药后用 0.5 千克清水吸入加药器，以清洗加药器。

④ 平时不用时将加药器吸水管头清洗干净，用塑料布包好，并将吸水管盘挂起来。

3. 水线和调压阀的操作及保养

① 使供水管线与鸡舍地面呈水平状态。

② 把供水管线下方的垫料弄平整。

③ 用调压器底部的旋钮调节水压，使水线立管内的浮球高度一日龄为 8~10 厘米，以后每天调高 1 厘米。

④ 触动所有的饮水乳头以确保每只乳头都注有饮水。

⑤ 水位高度指水线管中心到立管内液面的距离，水线高度指垫料表面到乳头平面的距离。

⑥ 用绞盘系统将水线提升到合适高度，在育雏前两天，水线高度为 11~12 厘米，雏鸡应以 30°~45° 角饮水（育雏鸡鸡眼平行）。育雏 3~5 天应适当提高水线，使雏鸡以 60° 角饮水。在余下的生长日期内每 2~3 天调整一次水线高度，使鸡以 70°~80° 角乳头饮水。

⑦ 每周使用管刷清洗水位立管一次。

⑧ 出鸡后应排出水线内的积水，将水线调压器重调到 2 英寸（5 厘米），以延长调压器隔膜的寿命。配制 1∶300 的菌毒杀返冲清洗水线。

四、控温设备

1. 地下烟道（火炕）

地下烟道或火炕供温，主要用于简易棚舍网上平养，由炉灶（图 2-24）、烟囱（图 2-25）、烟道（图 2-26）、火炕（图 2-27）构成。炉灶口设在棚舍外，烟道可用金属管、瓦管或陶瓷管铺设，也可用砖砌成，烟道一端连炉灶，另一端通向烟囱。烟道安装时，应注意有一定的斜度，近炉端要比近烟囱端低 10 厘米左右。烟囱高度相当于管道长度的 1/2，并要高出屋顶。过高吸火太猛，热能浪费大，过低吸火不

图 2-24　室外炉灶口

图 2-25　烟囱

图 2-26　烟道供温

图 2-27　火炕供温

利，室内温度难以达到规定要求。砌好后应检查管道是否通畅，传热是否良好，并要保证烟道不漏烟。

2. 红外灯与红外线保温伞

红外灯（图 2-28）具有产热性能好的特点，在电源供应较为正常的地区，可在育雏舍内温度不足时补充加热。红外灯灯泡的功率一般为 250 瓦，悬挂在离地面 35~40 厘米处，并可根据育雏温度高低的需要，调节悬挂高度（图 2-29）。

图 2-28　红外灯

图 2-29　红外灯育雏

红外线保温伞（图 2–30）由伞部和内伞两部分组成。伞部用镀锌铁皮或纤维板制成伞状罩，内伞有隔热材料，以利保温。热源用电阻丝、电热管子或煤炉等，安装在伞内壁周围，伞中心安装电热灯泡。直径为 2 米的保温伞可养鸡 300~500 只。保温伞育雏时要求室温 24℃以上，伞下距地面高度 5 厘米处温度 35℃，雏鸡可以在伞下自由出入。此种方法一般用于平面垫料育雏。

图 2–30　红外线保温伞

3. 暖风机与暖风炉

暖风炉主机是风暖水暖结合的整机（图 2–31），以燃煤为主，配装轴流风机（图 2–32）。运行安全可靠，热风量大，热利用率高，具有结构紧凑、美观、实用安全，节能清洁等特点（图 2–33），便于除尘与维修。

图 2–31 暖风炉主机

图 2–32　轴流风机

图 2-33　暖风机的安装

4. 火炉

广大农村养鸡户，特别是简易棚舍或平房养殖户，较多采用火炉取暖（图 2-34），使用火炉取暖要注意取暖与通风的协调，避免一氧化碳中毒。

图 2-34　煤炉供温

5. 湿帘及风机等降温设备

该设备主要用于密闭式鸡舍，是一种新型的降温设备。它是利用水蒸气降温的原理来改善鸡舍热环境。主要由湿帘（图 2-35）和风机（图 2-36）组成，循环水不断淋湿其湿帘，产生大量的湿表面，吸收空气中的热量而蒸发；通过低压大流量的节能风机的作用，使鸡舍内形成负压，舍外的热空气便通过湿帘进入鸡舍内，由于湿帘表面吸收了进入空气中的一部分热量使其温度下降，从而达到舍内温度降低的目的。

图 2-35　湿帘

图 2-36　风机

饲养员必须掌握湿帘的使用与管理要领。

（1）开启湿帘条件

① 35 日龄以前基本不使用湿帘降温，如果仅靠风机不能达到降温效果，使用纵向通风以后舍内温度仍达 28℃以上时，可以向技术部申请启动湿帘，得到批准后方可使用。35 日龄以后，除阴雨、大风天外，其他时间可启用湿帘。每天开启时间一般为上午 9 点至下午 4 点。

② 必须使用 4 个以上纵风机时。

（2）开启前准备

① 清理池中杂物，放满水。

② 检查湿帘过滤器、水管。

③ 查看潜水泵进水处过滤网是否完好，用 0.1 厘米 ×0.1 厘米的纱网包好。

④ 接通电源，查看潜水泵运转情况。

⑤ 查看鸡舍内有无漏水情况。

（3）开启湿帘步骤

① 开南侧湿帘，同时开操作间门及端墙南扇正门。

② 1 小时后，关闭正门，只开操作间门。

③ 关闭正门 1 小时后，关闭操作间门。

④ 如果开一侧湿帘舍内温度仍能达到 28℃，再开北侧湿帘，同时开操作间门及山墙正门。

⑤ 如果开二侧湿帘舍内温度仍在 28℃，则关闭正门及操作间门。

⑥ 当下午舍内温度下降时（约在下午 4 点），开山墙正门和操作间门。

⑦ 当温度继续下降时，关闭北侧湿帘，仍开山墙正门和操作间门。

⑧ 当温度继续下降时，关闭南侧湿帘，仍开山墙正门和操作间门。

⑨ 关闭正门和操作间门。湿帘正常使用时，开四个纵风机即可。

（4）注意事项

① 35 日龄后，如天气好，上午 10 点到下午 4 点这段时间内，可开启一扇端墙正门，但应注意挡门板完整，不使风直接吹到鸡身上，不造成应激。

② 湿帘停用后须保持风机数量不变，延长风机开启时间，以减少

舍内湿度。

③ 每天清洗湿帘过滤器一次。

④ 水池上方用网遮挡，防杂物进入，舍内订湿帘布（0.5 米高），防止冷风直吹鸡体。

⑤ 湿帘停用后，池中水及时清理干净，防积水成污染源，清理物资入库。

⑥ 湿帘使用时，应注意循序渐进，一般为一侧加湿上部 1/3，如果温度持续上升，两侧各为上部 1/3，如温度还持续上升，可依次加湿上部 1/2、全部、直至使用循环水。

⑦ 开湿帘时必须关闭南北侧墙风口。

⑧ 如果开四纵风机，温度、负压都合适，就尽量不用开六纵风机。

⑨ 启用湿帘的第一次用水必须加消毒剂，当水温过高（24℃）时，应及时补充新水。

⑩ 使用中禁用手等硬物触湿帘。

6. 低压喷雾系统

喷嘴安装在鸡舍上方，以常规压力进行喷雾，用于风机辅助降温的开放式鸡舍。

7. 高压喷雾系统

特制的喷头（图 2–37）可以将水由液态转为气态，这种变化过程具有极强的冷却作用。它是由泵组、水箱、过滤器、输水管、喷头组件、固定架等组成，雾滴直径在 80~100 微米。一套喷雾设备可安装 3 列并联 150 米长的喷雾管路。按一定距离在鸡舍顶部安装喷头（图 2–38）。

图 2–37　特制的喷头

图 2–38　喷头安装在鸡舍顶部

8. 温度控制器

① 温度控制器上有两个旋扭，一个功能旋扭(小)，一个设定旋扭(大)。

② 功能旋扭向右旋依次为设定温度，风机开的时间，风机关的时间，一挡设定温度，二挡设定温度，三挡设定温度，四挡设定温度。

③ 功能旋扭每选定一个功能可用设定旋扭进行设定，温度设定时向右旋一次加 0.1℃，向左旋一次减 0.1℃，时间设定时向右旋一次加 15 秒，向左旋一次减 15 秒。

④ 功能。

时间控制(最小通风量)：当风机开关时间设定上之后，控制器就按设定的时间执行，如设定开 135/165 则风机开 135 秒后停 165 秒后再开启。

温度控制：风机根据设定温度与各挡次的设定温度依次开启。例如，设定温度为 20℃，一挡 0.5℃，二挡 2℃，三挡 0.5℃，四挡 1.5℃。则在温度达到 20.5℃时，设定的一挡风机开启，当温度下降到 20℃时，风机关闭。如果温度还上升达到 22.5℃时设定的二挡风机开启，当温度下降到 20.5℃时二挡风机关闭，一挡风机正常工作。如果温度还在上升，以后挡位的风机会依次开启。

五、通风、照明设备

鸡舍的通风换气按照通风的动力可分为自然通风、机械通风和混合通风三种，机械通风主要依赖于各种形式的风机设备和进风装置。

1. 常用风机类型

轴流式风机、离心式风机，圆周扇和吊扇一般作为自然通风鸡舍的辅助设备，安装位置与数量要视鸡舍情况而定。

2. 进气装置

进气口的位置和进气装置，可影响舍内气流速度、进气量和气体在鸡舍内的循环方式。进气装置有以下几种形式。

(1) 窗式导气板　这种导风装置一般安装在侧墙上，与窗户相通，故称“窗式导风板”，根据舍内鸡的日龄、体重和外界环境温度来调节风板的角度。

（2）顶式导风装置　这种装置常安装在舍内顶棚上，通过调节导风板来控制舍外空气流量。

（3）循环用换气装置　主要是匀风窗（图 2–39、图 2–40），是用来排气的循环换气装置。当舍内温暖空气往上流动时，根据季节的不同，上部的风量控制阀开启程度不同，这样排出气体量与回流气体量亦随之改变，由排出气体量与回流气体量的比例不同来调控舍内空气环境质量。

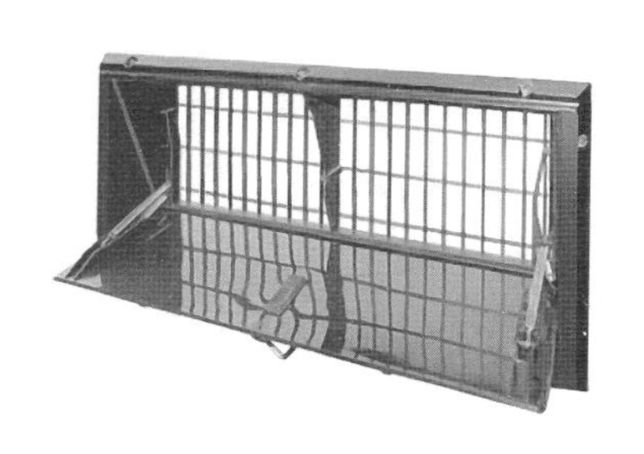

图 2–39　匀风窗

图 2–40　安装好的匀风窗

图 2–41　普通白炽电灯泡照明

3. 照明设备

肉鸡舍一般常用的是普通白炽电灯泡照明（图 2–41），灯泡以 15~40 瓦为宜，肉鸡后期使用 15 瓦灯泡为好，每 20 米 ^{2} 使用 1 个，灯泡高度以 1.5~2 米为宜。为节约能源，现在很多鸡场使用节能灯。

六、消毒设备

1. 火焰消毒

主要用于肉鸡入舍前、出栏后喷烧舍内笼网和墙壁上的羽毛、鸡粪等残存物，以烧死附着的病原微生物。火焰消毒设备结构简单，易操作，安全可靠，以汽油或液化气作燃料，消毒效果好。操作过程中要注意防火，最好戴防护眼镜。常用的有燃气火焰喷烧器（图 2-42）、汽油火焰喷灯（图 2-43）等。

图 2-42　燃气火焰喷烧器

图 2-43　汽油火焰喷灯

2. 自动喷雾消毒器

这种消毒器可用于鸡舍内部的大面积消毒，也可作为生产区人员和车辆的消毒设施。用于鸡舍内的固定喷雾消毒（带鸡消毒）时，可沿鸡舍上部，每隔一定距离装设一个喷头（图 2-44），也可将喷头安

图 2-44　自动喷雾消毒喷头

装在行走式自动料车上。用于车辆消毒时可在不同位置设置多个喷头，以便对车辆进行彻底的消毒。

3. 高压冲洗消毒机

高压冲洗消毒机（图 2-45、图 2-46）用于房舍墙壁、地面和设备的冲洗消毒。该设备粒度大时具有很大的压力和冲力，能将笼具和墙壁上的灰尘、粪便等冲刷掉。粒度小时可形成雾状，加消毒药物则可起到消毒作用。气温高时还可用于喷雾降温。

图 2-45　高压冲洗消毒机

图 2-46　小型高压冲洗消毒机

此外还有畜禽专用气动喷雾消毒器（图 2-47），跟普通喷雾器的工作原理一样，人工打气加压，使消毒液雾化并以一定压力喷射出来。

图 2-47　喷雾消毒器

七、其他设施

（一）清粪设施

除了常用的粪车、铁锹、刮粪板、扫帚外，大型蛋鸡场要使用自动清粪系统——刮粪机。牵引式刮粪机包括刮粪板、钢绳和动力（图2–48、图2–49）。

图2–48　牵引式刮粪系统

图2–49　刮出的粪便

饲养员要掌握肉鸡笼养刮粪系统的使用与管理要领。

① 使用前首先检查绳子的松紧度，特别前7天应每天紧一次，以后2~3天紧一次。

② 维修工紧绳子时，本舍饲养员一定要跟在后面，严禁紧绳时开动机器，造成人身伤害。

③ 清粪机启动时，一定要分别开，同时开两台，看不过来容易拉断绳子。

④ 每天2~3小时刮粪一次，一定要及时，时间长了刮不动，也容易拉坏设备。

⑤ 使用过程中，要注意行程开关，如不好用，不自动停机会损坏电机。

⑥ 粪必须清出舍外，目前清粪机刮板直接送出舍外，如拉粪不及时势必将粪堵在舍内、饲养人员清完粪后必须到粪场检查是否刮到指定位置。

⑦ 刮粪前检查拉绳松紧，转角处的拉绳是否出轨、重叠，粪板的

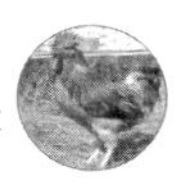

引导轮是否正常。

⑧ 刮粪时饲养员必须守在接触器旁，一旦刮粪机有运转故障，脱绳应立即停机，调整好再开。

⑨ 刮粪以后要检查挡粪板是否恢复正常，刮粪板应该一个在鸡舍上端，一个在鸡舍下端。

（二）断喙设备

为减少饲料浪费及相互啄食，肉种鸡需要断喙。断喙器（图 2–50）型号很多。

图 2–50　断喙器

第二节　设备管理的重点

一、规范操作

规模化养殖场自动化程度高，必须对饲养员尤其是新进人员包括后勤人员进行现场技术培训，让他们尽快了解设备特点和功能，迅速进行熟练操作，做好定期安全检查。特别是要学会操作使用环境控制器（图 2–51）。

图 2-51　环境控制器

二、定期保养和维修

1. 水线的维护和保养

首先保证水线（图 2-52）有合理的压力；定期冲洗水线、过滤器、乳头；肉鸡出栏后的维护保养。

图 2-52　自动供水线

2. 料线的维护和保养

塞盘式料线见图 2–53，图 2–54。料位的调节：调节手柄上面三道横沟（图 2–55）是控制下料速度快慢的，前端有三个大小不同的孔（图 2–56），是下料用的，从左到右三条横沟对应前面三个孔，从而控制着下料的快慢和多少。

图 2–53　塞盘式料线因能增加采食料位，使用场家越来越多

图 2–54　这是塞盘式料线的动力设备

图 2-55　塞盘式料盘调节手柄

图 2-56　塞盘式料盘调节手柄上的下料孔

分饲调节：把图 2-57 中小把手扭平，掀起白色罩上提，让白罩上箭头对准数字，即可进行分口大小调节（图 2-58）。

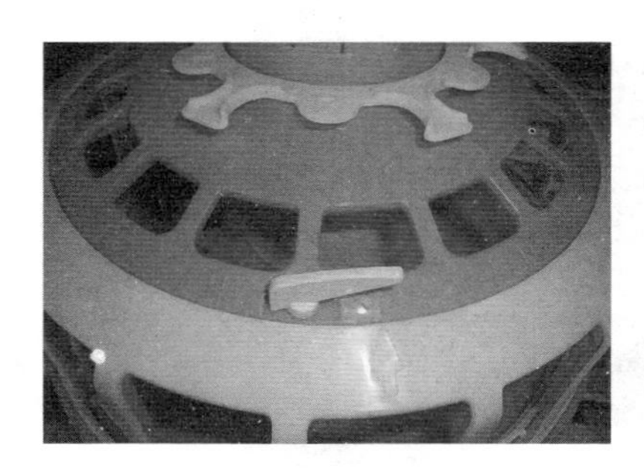
图 2-57　塞盘式料盘小把手可调节分口大小（一）

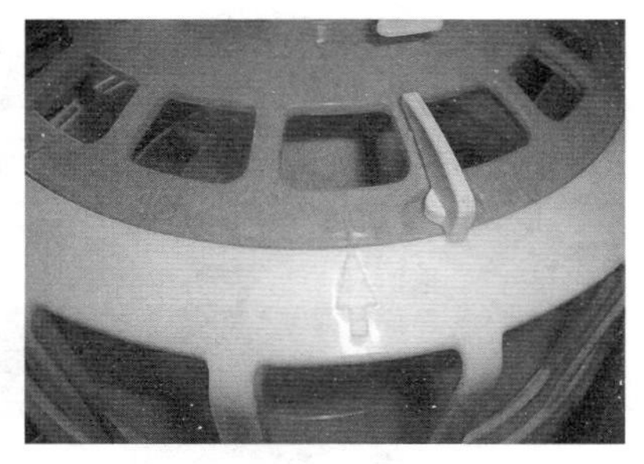
图 2-58　塞盘式料盘小把手可调节分口大小（二）

调节下料多少的办法：调节上面梅花环，就可以调节里面下料多少（图 2-59）。下料罩与料盘底的差距大小，也是下料多少的标志（图 2-60）。

图 2-59　调节梅花环，可调节下料多少

图 2-60　料槽边缘高低的调节：压里边白圈，上提即可调节

夏季，要注意料塔不可一次贮料过多，随用随加（图 2-61）。

图 2-61　料塔中的饲料随用随加

3. 风机和湿帘的安装和使用

（1）风机　通风机械普遍采用的是风机和风扇。现在一般鸡舍通风多采用大直径、低转速的轴流风机。

纵向风机（图 2-62），一般都是安装在鸡舍远端（污道一侧），采用负压通风方式，风机数量在 8~12 个，甚至更多。风机功率在 1.1~1.4 千瓦 / 台。纵向风机的作用，主要是满足肉鸡养殖后期和炎热季节对通风换气和散热降温的需要。

图 2-62　纵向风机

侧向风机（图 2-63、图 2-64），均匀分布在鸡舍的一侧，采用负压通风方式。风机功率在 0.2~0.4 千瓦 / 台。侧向风机主要是满足肉鸡育雏期对缓和通风换气的基本需要，寒冷季节养殖肉鸡，主要依赖侧向风机的通风换气。但在我国北方冬季养殖肉鸡，很少使用纵向风机。

侧向风机和纵向风机的有效组合，支撑着整个通风换气系统的正常运转。

图 2-63　侧向风机

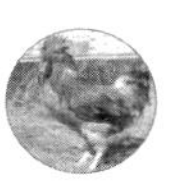

全自动化操控室

风机

图 2-64　侧向风机

开放式鸡舍主要采用自然通风，利用门窗（图 2-65）和自动通风天窗（轴流风机和换气扇结合使用）的开关来调节通风量（图 2-66、图 2-67）。当外界风速较大或内外温差大时，通风较为有效；而在夏季闷热天气时，自然通风效果不大，需要机械通风作为补充。有些地区也可使用通风管（图 2-68）通风换气（图 2-69）。

图 2-65　窗户可以开关

图 2-66　通风天窗

图 2-67　换气开关

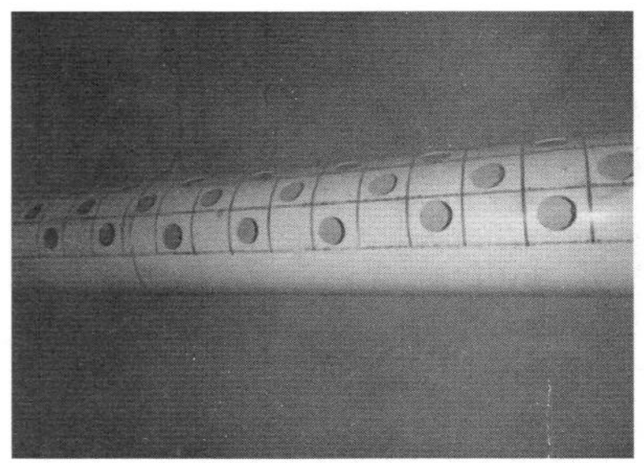

图 2-68　通风管

图 2-69　通风管通风

（2）湿帘（图 2-70）主要作用是空气通过湿帘进入鸡舍时降低了一些温度（图 2-71），从而起到降温的效果。湿帘降温系统由纸质波纹多孔湿帘、湿帘冷风机、水循环系统及控制装置组成。夏季空气经过湿帘进入鸡舍，可降低舍内温度 5~8℃。

图 2-70　湿帘装置

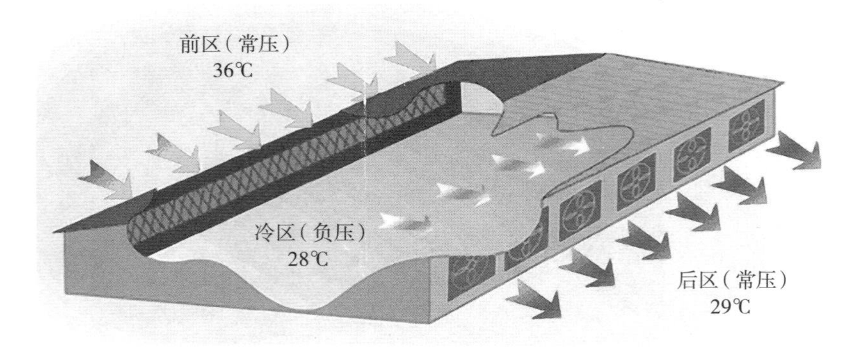

图 2-71　空气通过湿帘降温

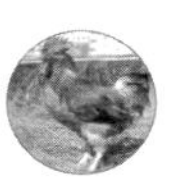

4. 电脑环境控制仪的检查

定期检查环境控制器探头、仪表位置是否合适，有无移动，保证温度、湿度、负压指数具有代表性；根据舍内鸡只状况及时调整环境控制器（图 2-72）的各项指标示数，以更好地控制舍内环境。环境控制仪一般由技术场长或助理管理人员进行操作，其他人都不许随便触动，更不许随意改动。

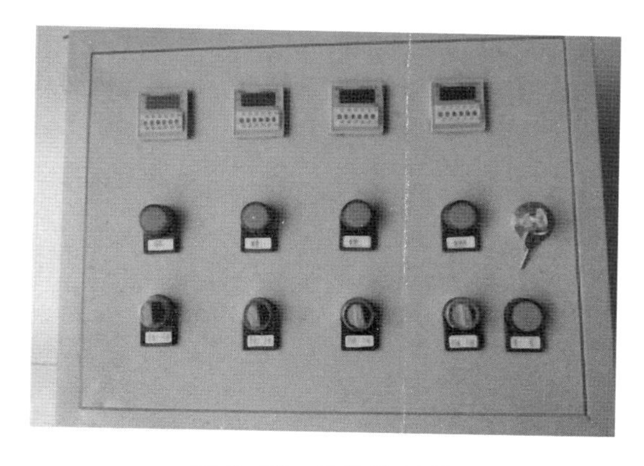

图 2-72　环境控制器

5. 发电机及配电设备的检查

对于发电机及配电设备也要定期检查，以保证良好的工作状态。

6. 门窗的开启和关闭

随时检查门窗和烟囱，出现问题及时修缮。

7. 自动进风口管理及要求

（1）自动进风口在使用前确保

① 负压进出管探头无堵塞，使用正常。

② 负压电脑打开，显示正常。

③ 负压范围设定在夏季 50~100 帕，在冬季根据风口开启大小设定负压。

④ 风口卷帘机手动开关关闭，自动行程开关固定紧，铁盒盖盖上。

⑤ 风口开关整齐划一，常关闭风口不要连接到风口钢丝绳上。

⑥ 控制钢丝绳的空心砖位置，应吊在墙的中下方，重量在 10 千克

左右。

（2）使用过程

① 在夏季，风口开启大小满足负压所要求的范围：50~100 帕。为了防止风机刚启动时舍内负压过大，在风口关闭时留 1~2 厘米的缝隙。

② 在冬季，风口开启大小能满足鸡舍的最小换气量，在确保舍内温度、舍内空气不发闷的情况下设定负压范围，风口关闭时北面风口一定全关闭。

③ 电脑所设定的负压范围保证风口不要频繁开关。

④ 每天检查一次风口钢丝绳磨损情况，磨损严重时找维修工及时修理、更换。

技能训练

参观规模化肉鸡养殖场设备。

【目的要求】通过参观当地养鸡场，使饲养员了解肉鸡生产中常用的机械设备，掌握技术参数和适用范围。

【训练条件】附近的规模化鸡场。

【操作方法】参观。

1. 请养鸡场领导、技术员或饲养员介绍机械设备的种类、用途和使用情况。

2. 参观养鸡机械设备，记录其规格和技术参数。

3. 计算各种机械设备的劳动效率。

【考核标准】根据参观情况写出书面报告，论述机械化养鸡的利弊。

思考与练习

1. 肉鸡常用喂料设备有哪些？怎样使用和管理好肉鸡笼养自动喂料系统？

2. 肉鸡自动饮水系统主要有哪些设备构成？怎样操作和维护自动饮水系统？

3. 饲养员应该怎样使用和管理湿帘？

4. 简述肉鸡笼养刮粪系统的使用与管理要领。

第三章　肉鸡的营养与饲料

知识目标

1. 了解肉鸡生长过程中所需要的各种营养素和肉鸡营养需要。

2. 掌握肉鸡常用的能量饲料和蛋白质饲料种类，知道使用过程中应该注意的问题。

3. 掌握肉鸡饲料的存放要求。

技能要求

学会饲料品质的鉴别方法。

第一节　肉鸡生长需要的营养

一、肉鸡的营养需求特点

肉鸡营养需求主要是肉鸡对能量、蛋白质、维生素、矿物质和微量元素的需求。

（一）蛋白质和能量

在肉鸡生产过程中，提倡采用高蛋白高能量饲料。但过高的蛋白

质，高能、高脂易发生腹水征，死亡率＞10%。要按标准掌握好蛋白能量水平。一般要求粗蛋白（CP）水平：育雏阶段22%，育成阶段20%，后期18%。代谢能（ME）水平：育雏阶段3 050千卡/千克（1千卡=4.1868千焦），育成阶段3 150千卡/千克，后期3 200千卡/千克。能量太高会影响采食量，经济效益也不合算，采食不足又难以增重，因此应注意调配。

日粮能量的控制可按蛋能比调整，蛋能比=ME（千卡/千克）/CP。具体蛋能比参考数据：0~21日龄，135~140；22~34日龄，160~165；35日龄以后，175~180。

代谢能×料肉比≤6 000千卡/千克为最佳，如超过应调节代谢能或蛋白质，以达到最佳经济效益。

1. 蛋白质、能量含量的比例

影响肉鸡生长和饲料效率的最大问题之一是饲料中蛋白质含量和能量含量的比例。饲料中能量与蛋白质的含量处于最佳配比，才能使增重最高，饲料转化率最高。如果提高饲料中的能量，则能量蛋白质比扩大，增重开始下降。饲料能量蛋白质比平衡会因鸡只日龄、饲粮组成、环境温度和各种应激因素变化而变化。

2. 合理的蛋白质摄取量

蛋白质是影响肉鸡增重和饲料效率最主要的养分之一，它有一个最适当的摄取量。若超过最高肌肉生长需求量时，反而对鸡只有害。

（二）维生素

饲料中的维生素往往超量，它很便宜，摄取过量也相当安全，况且在不良环境、疾病、快速生长的紧迫下，维生素的需求量增加。因此，我们常喂饲较多的维生素。

（三）矿物质

矿物质喂饲不应超过鸡只需求。矿物质间存在复杂的交互作用，但目前仅知少部分关系。过量的钙会影响机体磷、锌的吸收。且钙与蛋白质间也会交互影响，这主要是受钙、硫间接作用，高钙饲粮必须提高含硫氨基酸含量。矿物质过量的最大问题还在于影响电解质或酸碱平衡。肉鸡不同生长阶段的营养需要见表3-1。

表 3-1　肉鸡不同生长阶段的营养需要（% 或单位：/ 千克饲料，90% 干物质）

营养素	0~3 周龄	3~6 周龄	6~8 周龄
能量 /（兆焦 / 千克）	12.54	12.96	13.17
粗蛋白质 /%	23	20	18
精氨酸 /%	1.25	1.1	1
甘氨酸 + 丝氨酸 /%	1.25	1.14	0.97
组氨酸 /%	0.35	0.32	0.27
异亮氨酸 /%	0.8	0.73	0.62
亮氨酸 /%	1.2	1.09	0.93
赖氨酸 /%	1.1	1	0.85
蛋氨酸 /%	0.5	0.38	0.32
蛋氨酸 + 胱氨酸 /%	0.9	0.72	0.6
苯丙氨酸 /%	0.72	0.65	0.56
苯丙氨酸 + 酪氨酸 /%	1.34	1.22	1.04
脯氨酸 /%	0.6	0.55	0.46
苏氨酸 /%	0.8	0.74	0.68
色氨酸 /%	0.2	0.18	0.16
缬氨酸 /%	0.9	0.82	0.7
亚油酸 /%	1	1	1
钙 /%	1	0.9	0.8
氯 /%	0.2	0.15	0.12
镁 / 毫克	600	600	600
非植酸磷 /%	0.45	0.35	0.3
钾 /%	0.3	0.3	0.3
钠 /%	0.2	0.15	0.12
铜 / 毫克	8	8	8
碘 / 毫克	0.35	0.35	0.35
铁 / 毫克	80	80	80
锰 / 毫克	60	60	60
硒 / 毫克	0.15	0.15	0.15
锌 / 毫克	40	40	40
维生素 A /IU	1 500	1 500	1 500
维生素 D_3 /IU	200	200	200

（续表）

营养素	0~3 周龄	3~6 周龄	6~8 周龄
维生素 E/IU	10	10	10
维生素 K/ 毫克	0.5	0.5	0.5
维生素 B_{12}/ 毫克	0.01	0.01	0.007
生物素 / 毫克	0.15	0.15	0.12
胆碱 / 毫克	1 300	1 000	750
叶酸 / 毫克	0.55	0.55	0.5
烟酸 / 毫克	35	30	25
泛酸 / 毫克	10	10	10
吡哆醇 / 毫克	3.5	3.5	3
核黄素 / 毫克	3.6	3.6	3
硫胺素 / 毫克	1.8	1.8	1.8

注：0~3 周龄、3~6 周龄、6~8 周龄的年龄段划分源于研究的时间顺序；肉鸡不需要粗蛋白本身，但必须供给足够的粗蛋白以保证合成非必需氨基酸的氮供应；粗蛋白建议值是基于玉米－豆粕型日粮提出的，添加合成氨基酸时可下调；当日粮含大量非植酸磷时，钙需要应增加。

二、肉鸡的营养标准

（一）优质鸡的饲料营养

优质鸡的营养尚无可供参考的国家标准，多数饲料场采用育种单位并没有经过认真研究的鸡种推荐标准。有些饲养户甚至使用快型大肉鸡的营养标准，这些营养标准绝大多数高于优质鸡的生长需求，因而影响其饲料报酬。优质鸡不同鸡种的差异较大，标准难以统一；满足优质鸡的营养需要是既充分发挥鸡种生长潜力，又提高饲料经济报酬的首要条件。在实际生产中应以鸡种推荐的营养需要标准为基础，以提高饲料经济报酬目标，适当降低营养标准。此外，还要注意饲料的多样化，改善鸡肉品质。

（二）优质鸡的参考营养标准

为了合理的饲养鸡群，既要充分发挥它们的生产能力，又不浪费饲料，必须对各种营养物质的需要量规定一个大致标准，以便在饲养实践中有所遵循，这个标准就是营养标准。而作为优质肉用鸡，在营

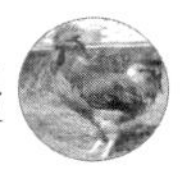

养需要方面有其特殊性。

1. 优质鸡的营养标准

优质鸡的生长速度不求快、生长期长，对饲料中的营养要求相对来说会低一些。下面列出其粗蛋白质、代谢能、钙、磷等主要营养需要，其他营养需要参照肉仔鸡标准可适当减少。

（1）优质种鸡参考营养标准　见表 3-2。

表 3-2　优质种鸡参考营养标准

项目	后备鸡阶段（周龄）		产蛋期（周龄）	
	0~5	6~14	15~19	20 以上
代谢能 /（兆焦 / 千克）	11.72	11.3	10.88	11.30
粗蛋白质 /%	20.0	15	14	15.5
蛋能比 /（克 / 兆焦）		17	13	14
钙 /%	0.90	0.60	0.60	3.25
总磷 /%	0.65	0.50	0.50	0.60
有效磷 /%	0.50	0.40	0.40	0.40
食盐 /%	0.35	0.35	0.35	0.35

（2）优质肉鸡参考营养标准　见表 3-3。

表 3-3　优质肉鸡参考营养标准

项目	周龄			
	0~5	6~10	11	11 周后
代谢能 /（兆焦 / 千克）	11.72	11.72	12.55	13.39~13.81
粗蛋白质 /%	20.0	18.0~17.0	16.0	16
蛋能比 /（克 / 兆焦）	17	16	13	13
钙 /%	0.9	0.8	0.8	0.7
总磷 /%	0.65	0.60	0.60	0.55
有效磷 /%	0.50	0.40	0.40	0.40
食盐 /%	0.35	0.35	0.35	0.35

以上标准主要针对地方特有品种。

2. 快大型肉鸡营养标准

中速、快长型鸡含有部分肉用仔鸡血缘，肉鸡的生长性能介于肉用仔鸡和地方品种之间，13 周龄体重为 1.60~2.0 千克。而成年母鸡的体重和繁殖性能比较接近肉用仔鸡种，所以这两个类型鸡的营养标准可根据这些生理特点而确定。

（1）中速、快大型种鸡营养标准　见表 3–4。

表 3–4　中速、快大型种鸡营养标准

项目	后备鸡阶段（周龄）		产蛋期（周龄）	
	0~5	6~14	15~22	23 以上
代谢能 /（兆焦 / 千克）	12.13	11.72	11.3	11.30
粗蛋白质 /%	20.0	16.0	15.0	17.0
蛋能比 /（克 / 兆焦）	16.5	14.0	13.0	15.0
钙 /%	0.90	0.75	0.60	3.25
总磷 /%	0.75	0.60	0.50	0.70
有效磷 /%	0.50	0.50	0.40	0.45
食盐 /%	0.37	0.37	0.37	0.37

（2）中速、快大型商品肉鸡营养标准　见表 3–5。

表 3–5　中速、快大型商品肉鸡营养标准

项目	0~1	2~5	6~9	10~13
代谢能 /（兆焦 / 千克）	12.55	11.72~12.13	13.81	13.39
粗蛋白质 /%	20.0	18.0	16	23.0
蛋能比 /（克 / 兆焦）	16.0	15.0	11.5	17.0
钙 /%	0.9~1.1	0.9~1.1	0.75~0.9	0.9
总磷 /%	0.75	0.65~0.7	0.60	0.7
有效磷 /%	0.55~0.60	0.5	0.45	0.55
食盐 /%	0.37	0.37	0.37	0.37

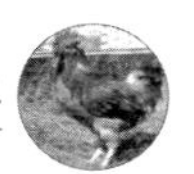

3. 应用本标准推荐的营养需要时应注意的问题及影响营养需要的因素

凡饲养标准或营养需要的制订都是以一定的条件为基础的，有其适用范围，故在应用本推荐营养需要时应注意如下事情。

（1）所列指标以全舍饲养条件为主 如果大运动场放养时可适当调整。

（2）以上标准 最少应满足以下指标：代谢能、粗蛋白质、蛋白能量比、钙、磷、食盐、蛋氨酸（或蛋氨酸和胱氨酸）、赖氨酸与色氨酸。

（3）表中所列营养需要量还受下列因素的影响

① 遗传因素。鸡的不同种类以及不同品种、不同性别、不同年龄对营养需要都有变化，特别是对蛋白质的要求。因此，应根据饲养的具体鸡种，适当调整。

② 环境因素。在环境诸因素中，温度对营养需要影响最大。首先是影响采食量，为了保证鸡每天能采食到足够的能量、蛋白质及其他养分，应根据实际气温调整饲粮的营养含量。

③ 疾病以及其他应激因素。发生疾病或转群、断喙、疫苗注射、长途运输等，通常维生素的消耗量比较大，应酌情增加。

第二节 肉鸡常用饲料

鸡的饲料种类繁多，根据营养物质含量的特点，大致可分为能量饲料、蛋白质饲料、维生素饲料、矿物质饲料和饲料添加剂等。

一、能量饲料

这类饲料富含淀粉、糖类和纤维素，包括谷实类、糠麸类、块根、块茎和瓜类，以及油、糖蜜等，是肉鸡饲料主要成分，用量占日粮的60%左右。此类饲料的粗蛋白质含量不超过20%，一般不超过15%，粗纤维低于18%，所以仅靠这种饲料喂鸡不能满足肉鸡的需要。

(一)谷实类

谷实类饲料的缺点是：蛋白质和必需氨基酸含量不足，粗蛋白质含量一般为 8%~14%，特别是赖氨酸、蛋氨酸和色氨酸含量少。钙的含量一般低于 0.1%，而磷含量可达 0.314%~0.45%，缺乏维生素 A 和维生素 D。

1. 玉米

含代谢能高达 12.55~14.10 兆焦 / 千克，粗蛋白质 8.0%~8.7%，粗脂肪 3.3%~3.6%，无氮浸出物 70.7%~71.2%，粗纤维素 1.6%~2.0%，适口性强，易消化。黄玉米一般每千克含维生素 A_3 200~4 800 国际单位，白玉米含维生素 A 仅为黄玉米含量的 1/10。黄玉米还富含叶黄素，是蛋黄和皮肤、爪、喙黄色的良好来源。玉米的缺点是蛋白质含量低，且品质较差，色氨酸（0.07%）和赖氨酸（0.24%）含量不足，钙（0.02%）、磷（0.27%）和 B 族维生素（维生素 B_1 除外）含量亦少。玉米油中含亚油酸丰富。玉米胚大，收获期正处在气温高、多雨水的季节，易被虫蛀（图 3-1）。因此，玉米容易感染黄曲霉菌（图 3-2）而影响饲用，贮存时水分应低于 13%。在鸡日粮中，玉米可占 50%~70%。

图 3-1　虫蛀的玉米

图 3-2　霉变的玉米

2. 小麦

含能量约为玉米的 90%，约 12.89 兆焦 / 千克，蛋白质多，氨基酸比例比其他谷类完善，B 族维生素也较丰富。适口性好，易消化，可以作为鸡的主要能量饲料，一般可占日粮的 30% 左右。但因小麦中不

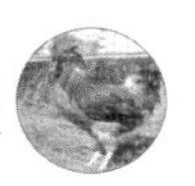

含类胡萝卜素，如对鸡的皮肤和蛋黄颜色有特别要求时，适当予以补充。当日粮含小麦 50% 以上时，鸡易患脂肪肝综合征，必须考虑加生物素。

3. 大麦

碳水化合物含量稍低于玉米，蛋白质含量约 12%，稍高于玉米，品质也较好，赖氨酸含量高（0.44%）。适口性稍差于玉米和小麦，而较高粱好，但如粉碎过细、用量太多，因其黏滞，鸡不爱吃。粗纤维含量较多，烟酸含量丰富，日粮中的用量以 10%~20% 为宜。

（二）糠麸类

1. 麦麸

小麦麸蛋白质、锰和 B 族维生素含量较多，适口性强，为鸡最常用的辅助饲料。但能量低，代谢能约为 6.53 兆焦 / 千克，粗蛋白质约为 14.7%，粗脂肪 3.9%，无氮浸出物 53.6%~71.2%，粗纤维 8.9%，灰分 4.9%，钙占 0.11%，磷 0.92%，但其中植酸磷含量（0.68%）高，含有效磷 0.24%。麦麸纤维含量高，容积大，属于低热能饲料，不宜用量过多，一般可占日粮的 3%~15%。有轻泻作用。

2. 米糠

含脂肪、纤维较多，富含 B 族维生素，用量太多易引起消化不良，常作辅助饲料，一般可占鸡日粮的 5%~10%。

（三）油脂

动物脂肪和油脂是含能量最高的能量饲料，动物油脂代谢能为 32.2 兆焦 / 千克，植物油脂含代谢能为 36.8 兆焦 / 千克，适合于配合高能日粮。在饲料中添加动、植物油脂可提高生产性能和饲料利用率。肉用仔鸡日粮中一般可添加 5%~10%。

二、蛋白质饲料

凡饲料干物质中粗蛋白质含量超过 20%，粗纤维低于 18% 的饲料均属蛋白质饲料。根据来源不同，分为植物性蛋白质饲料和动物性蛋白质饲料两大类。

（一）植物性蛋白质饲料

包括饼粕、豆科籽实及一些加工副产品。

1. 豆饼、豆粕和膨化大豆粉

大豆经压榨法去油后的产品通称“饼”，用溶剂提油后的产品通称“粕”，它们是饼粕类饲料中最富有营养的一种饲料，蛋白质含量42%~46%。大豆饼（粕）含赖氨酸高，味道芳香，适口性好，营养价值高，一般用量占日粮的10%~30%。大豆饼（粕）的氨基酸组成接近动物性蛋白质饲料，但蛋氨酸、胱氨酸含量相对不足，故以玉米–豆饼（粕）为基础的日粮通常需要添加蛋氨酸。但是，如果日粮中大豆饼（粕）含量过多，可能会引起雏鸡粪便粘着肛门的现象，还会导致鸡的爪垫炎。加热处理不足的大豆饼含有抗胰蛋白酶因子、尿素酶、血球凝集素、皂素等多种抗营养因子或有毒因子，鸡食入后蛋白质利用率降低，生长减慢，产蛋量下降。

膨化大豆粉是将整粒大豆磨碎，调质机内注入蒸汽以提高水分及温度，然后通过挤压机的螺旋轴，经由螺旋、摩擦产生高温、高压，再由较尖的出口小孔喷出，大豆在挤压机内受到短时间热压处理，挤出后再干燥冷却既得成品。膨化大豆粉具有高能量、高蛋白、高消化率的特性，并含有丰富的维生素 E 和卵磷脂，它是配制高能量高蛋白饲料的最佳植物性蛋白原料。据测定，膨化大豆粉的各种氨基酸消化率都在 90% 以上。

2. 花生饼粕

营养价值仅次于豆饼，适口性优于豆饼，含蛋白质 38% 左右，有的饼粕含蛋白质高达 44%~47%，含精氨酸、组氨酸较多。配料时可以和鱼粉、豆饼一起使用，或添加赖氨酸和蛋氨酸。花生饼易感染黄曲霉毒素，使鸡中毒，贮藏时切忌发霉，一般用量可占日粮的15%~20%。

3. 菜籽饼粕

蛋白质含量 34% 左右，粗纤维含量约 11%。含有一定芥子苷（含硫苷）毒素，具辛辣味，适口性较差，产蛋鸡用量不超过 10%，后备生长鸡 5%~10%，经脱毒处理可增加用量。

4. 棉仁饼粕

蛋白质含量丰富，可达 32%~42%，氨基酸含量较高，微量元素含量丰富、全面，含代谢能较低。粗纤维含量较高，约 10%，高者达

18%。棉仁饼粕含游离棉酚和棉酚色素，易导致蓄积性中毒或缺铁，要处理后应用，并控制用量。

（二）动物性蛋白质饲料

1. 鱼粉

鱼粉是养鸡最佳的蛋白质饲料，营养价值高，必需氨基酸含量全面，特别是富含植物性蛋白质饲料缺乏的蛋氨酸、赖氨酸、色氨酸，并含有大量B族维生素和丰富的钙、磷、锰、铁、锌、碘等矿物质，还含有硒和促生长未知因子，是其他任何饲料所不及的。一般用量占日粮的2%~8%。饲喂鱼粉可使鸡发生肌胃糜烂，特别是加工错误或贮存中发生过自燃的鱼粉中含有较多的“肌胃糜烂因子”。鱼粉还会使鸡肉出现不良气味。鱼粉应贮存在通风和干燥的地方，否则容易生虫或腐败而引起中毒。

2. 肉骨粉

肉骨粉是屠宰场或病死畜尸体等经高温、高压处理后脱脂干燥制成。营养价值取决于所用的原料，饲喂价值比鱼粉稍差，含蛋白质5%左右，含脂肪较高。最好与植物蛋白质饲料混合使用，雏鸡日粮用量不要超5%。易变质腐败，喂前应注意检查。

三、矿物质饲料

（一）含钙饲料

贝壳、石灰石、蛋壳均为钙的主要来源，其中贝壳最好，含钙多，易被鸡吸收，饲料中的贝壳最好有一部分碎块。石灰石含钙也很高，价格便宜，但有苦味。注意镁的含量不得过高（不超过0.5%），还要注意铅、砷、氟的含量不超过安全系数。蛋壳经过清洗煮沸和粉碎之后，也是较好的钙质饲料。这三种矿物质饲料用量，雏鸡占日粮的1%左右，产蛋鸡占日粮的5%~8%。此外，石膏（硫酸钙）也可作钙、硫元素的补充饲料，但不宜多喂。

（二）富磷饲料

骨粉、磷酸钙、磷酸氢钙是优质的磷、钙补充饲料。骨粉是动物骨骼经高温、高压、脱脂、脱胶、碾碎而成。因加工方法不同，品质差异很大，选用时应注意磷含量和防止腐败。一般以蒸制的脱胶骨粉质量较好，钙、磷含量可分别达30%和14.5%，磷酸钙等磷酸盐中含有氟和砷等杂质，未经处理不宜使用。骨粉用量一般日粮1%~2.5%，磷酸盐一般占1%~1.5%，磷矿石一般含氟量高并含其他杂质，应做脱氟处理。饲用磷矿石含氟量一般不宜超过0.04%。

（三）食盐

食盐为钠和氯的来源，雏鸡用量占日粮的0.25%~0.3%，成鸡占0.3%~0.4%，如日粮中含有咸鱼粉或饮水中含盐量高时，应弄清含盐量，在配合饲料中减少食盐用量或不加。

（四）其他

沙砾有助于肌胃的研磨力，笼养和舍饲鸡一般应补给。

四、氨基酸

（一）DL－蛋氨酸

是有旋光性的化合物，分为D型和L型。在鸡体内，L型易被肠壁吸收。D型要经酶转化成L型后才能参与蛋白质的合成，工业合成的产品是L型和D型混合的外消旋化合物，是白色片状或粉末状晶体，具有微弱的含硫化合物的特殊气味，易溶于水、稀酸和稀碱，微溶于乙醇，不溶于乙醚。其1%水溶液的pH值为5.6~6.1。

（二）L－赖氨酸盐

L－赖氨酸化学名称是L－2,6－二氨基乙酸，白色结晶。赖氨酸由于营养需要量高，许多饲料原料中含量又较少，故常常是第一或第二限制性必需氨基酸。谷类饲料中赖氨酸含量不高，豆类饲料中虽然含量高，但是作为鸡饲料原料的大豆饼或大豆粕均是加工后的副产品，赖氨酸遇热或长期贮存时会降低活性。在鱼粉等动物性饲料中赖氨酸虽多，但也有类似失活的问题。因而在饲料中可被利用的赖氨酸只有化学分析得到数值的80%左右。在赖氨酸的营养上尚存在与精氨酸之间的拮抗作用。肉用仔鸡的饲料中常添加赖氨酸使之有较高的含量，这易造成精氨酸的利用率降低，故要同时补足精氨酸。

其他作为饲料中用的维生素、微量元素预混剂、饲用抗病药物、饲料改善剂，因市场上有很多成品出售，养鸡场可参考具体产品的使用说明了解其性质，以便配料时购买使用。

第三节　肉鸡的日粮配合

一、肉鸡日粮的设计方法

一般养殖户可用试差法、四边形法等手算方法计算所需配方。手算配方速度较慢，随着计算机的普及应用，利用计算机进行线性规划，使这一过程大大加快，配方成本更低。这里仅介绍试差法。

这种饲料配方计算方法，仍是目前国内较普遍采用的方法之一，又称凑数法。它的优点是可以考虑多种原料和多个营养指标。具体做法是：首先根据经验初步拟出各种饲料原料的大致比例，然后用各自的比例去乘以原料所含的各种养分的百分含量，再将各种原料的同种养分之积相加，即得到该配方的每种养分的总量。将所得结果与饲养标准进行对照，若有任一养分超过或不足时，可通过增加或减少相应的原料比例进行调整和重新计算，直至所有的营养指标都基本满足要求为止。调整的顺序为能量、蛋白、磷（有效磷）、钙、蛋氨酸、赖氨酸、食盐等。这种方法简单易学、学会后就可以逐步深入，掌握各种配料技术，因而广为利用。

第一步：找到所需资料。肉鸡饲养标准、中国饲料成分及营养价值表（1997年修订版，中国饲料数据库）、各种饲料原料的价格。

第二步：查饲养标准。

第三步：根据饲料成分表查出所用各种饲料的养分含量。

第四步：按能量和蛋白质的需求量初拟配方。根据饲养工作实践经验或参考其他配方，初步拟定日粮中各种饲料的比例。肉仔鸡饲粮中各类饲料的比例一般为能量饲料60%~70%，蛋白质饲料25%~35%，矿物质饲料等2%~3%（其中维生素和微量元素预混料一般各为0.1%~0.5%）。据此，先拟定蛋白质饲料用量，棉仁饼适口性差，含有毒物质，日粮中用量要限制，一般定为5%；鱼粉价格昂贵，可定为3%，豆粕可拟定20%；矿物质饲料等为2%；能量饲料如麸皮为10%，玉米60%。

第五步：调整配方，使能量和粗蛋白质符合饲养标准规定量。方法是降低配方中某一饲料的比例，同时增加另一饲料的比例，两者的增减数相同，即用一定比例的某一饲料代替另一种饲料。

第六步：计算矿物质和氨基酸用量。根据上述调整好的配方，计算钙、非植酸磷、蛋氨酸、赖氨酸的含量。对饲粮中能量、粗蛋白质等指标引起变化不大的所缺部分可加在玉米上。

第七步：列出配方及主要营养指标。维生素、微量元素添加剂、食盐及氨基酸计算添加量可不考虑。

二、肉鸡各阶段日粮的配制特点

（一）肉鸡前期料的配制与应用

育雏前期（0~10日龄）的主要目的是建立良好的食欲和获得最佳的早期生长。肉鸡7日龄的体重目标应为160克以上（无论是罗斯308，还是爱拔益加肉鸡）。

小鸡料（肉鸡前期料）俗称鸡花料，一般使用到7日龄。小鸡料只占肉鸡饲料成本的很小一部分，因此，在制定饲料配方时主要考虑生产性能和效益（如达到或超过7日龄的体重指标），而不注重饲料成本。这对于所有肉鸡的生产程序都是非常重要的，对生产屠宰体重较小的肉鸡和以生产胸肉为主要目的的肉鸡尤为重要。

雏鸡的消化系统还不健全，因此，鸡料所使用的饲料原料必须消化率较高，另具有以下特点：营养水平高，特别是氨基酸、维生素E和锌；通过添加油和核苷酸，刺激雏鸡免疫生物因子和前生物因子；通过添加油和核苷酸，刺激雏鸡免疫系统的发育；通过饲料的类型、高钠和香味剂等，来刺激雏鸡的采食量。

在以小麦为主要原料的饲料中，使用一些玉米是非常有益的，饲料中的总脂肪含量最好保持较低的水平（小于5%），避免使用饱和动物脂肪。否则，饱和脂肪含量较高，将限制肉鸡的早期生长。

（二）肉鸡中期料的配制与应用

在小鸡料使用结束后，需要使用14~18天的中鸡料（肉鸡中期料）。小鸡料向中鸡料的过渡一定要慎重，除了配方原料结构发生了变化外，还有从颗粒破碎到颗粒料类型的变化与过渡。

此阶段需提供高质量的中鸡料，氨基酸水平与能量水平要兼顾，从而获得最佳的生产性能。如果使用任何的生长控制程序，都应在此阶段实施。通过一些管理技术（如使用粉料，光照控制）来限制喂料量是非常有效的。我们一般通过降低日粮的营养成分来限制肉鸡的生长。

（三）肉鸡后期料的配制与应用

大鸡料（肉鸡后期料）在肉鸡总饲料成本中占相当大的比例，因此，在设计大鸡料的饲料配方时主要考虑经济利益。大鸡料可适当加大非常规原料使用，如杂粕等。此阶段的肉鸡生长是非常迅速的，要避免脂肪过度沉积，从而影响胸肉的出肉率。如果大鸡料的营养水平过低，将增加脂肪沉积和降低胸肉的出肉率。肉鸡在 18 日龄以后，使用一种还是两种大鸡料，主要取决于肉鸡的屠宰体重、饲养期的长短和使用的喂料程序。

日粮中使用小麦的多少，在设计配合饲料时要经过精确的计算。小鸡料中小麦安全用量是不使用或在 4~7 日龄使用 5%，中鸡料逐渐增加到 10%，大鸡料逐渐增加到 15%。使用全小麦配方时，如果全价饲料的成分不做调整，饲料的营养水平较低，将会降低肉鸡的生产速度和饲料转化率，减少出肉率，形成更多的脂肪。使用小麦酶，有助于解决饲料利用率低的问题。

第四节　饲料的选择与存放

随着饲料工业的发展，肉鸡的营养需求已不再是养殖场或养殖户考虑的范围，肉鸡的营养需求已成为饲料生产厂家的核心工作。所以作为养殖场或养殖业主，只要把精力放在饲料品质和饲料厂家的选择上就可以了。

好饲料就是营养均衡、有质量保证、能够满足不同季节、不同生长阶段肉鸡对营养的不同需求。由于近年来饲料行业竞争加剧、饲料原料价格上涨、加上气候对玉米、大豆产量的影响，个别饲料质量出现不稳。所以作为规模化养殖场在饲料采购和存放上应注意以下几点。

一、饲料厂家选择

在选择饲料厂家时，不要被饲料价格和返还所左右，无论是购买配合料、浓缩料，还是预混料，都要把注意力关注在饲料厂的资质上，重视饲料厂家的规模和信誉。正规饲料生产企业要具备有效的饲料生产企业审查合格证或生产许可证；饲料标签上要标明“本产品符合饲料卫生标准”字样，还应明示饲料名称、饲料成分分析保证值、原料组成、产品标准编号（国标或企标）、加入药物或添加剂的名称、使用说明、净含量、生产日期、保质期、审查合格证或生产许可证的编号及质量认证（ISO 9001、HACCP 或 ISO 22000、产品认证）等 12 项信息。

例如现有两个品牌的饲料，A 饲料的转化率是 1.8，B 饲料的转化率是 1.9，那么一只喂 A 饲料的 2.5 千克的成鸡总采食量为 4.5 千克饲料，喂 B 饲料的 2.5 千克的成鸡就需要 4.75 千克饲料，显然喂 B 饲料成鸡的成本就要比喂 A 饲料的成本高出 0.25 千克饲料来。按照目前的饲料价格来核算，喂 B 饲料的每一只鸡的饲料成本与喂 A 饲料的相比就要增加 0.8~1 元，那么每只鸡的效益就会降低 0.8~1 元，一吨饲料可供 250 只肉鸡生长的需要，250 只鸡就会增加 200 元的饲料成本，也就是说一吨饲料的价格要增加 200~250 元。从价格上看似便宜的饲料，如果料肉比高，其价格反而会更贵。所以更多的是关注饲料的品质，把注意力放在综合效益上。

二、饲料种类及选择

1. 按营养成分分类

（1）全价配合饲料　又称全价饲料，它是采用科学配方和通过合理加工而得到营养全面的复合饲料，能满足鸡的各种营养需要，经济效益高，是理想的配合饲料。全价配合饲料可由各种饲料原料加上预混料配制而成，也可由浓缩饲料稀释而成。全价配合饲料在鸡用得最多。

（2）浓缩饲料　又叫平衡用混合饲料和蛋白质补充饲料。它是由蛋白质饲料、矿物质饲料与添加剂预混料按规定要求混合而成。不能

直接用于喂鸡。一般含蛋白质30%以上，与能量饲料的配合比应按生产厂的说明进行稀释，通常占全价配合饲料的20%~30%。

（3）添加剂预混料　由各种营养性和非营养性添加剂加载体混合而成，是一种饲料半成品。可供生产浓缩饲料和全价饲料使用，其添加量为全价饲料的0.5%~5%。

（4）混合饲料　又叫初级配合饲料或基础日粮。由能量饲料、蛋白质饲料、矿物质饲料按一定比例组合而成。它基本上能满足鸡的营养需要，但营养不够全面，只适合农村散养户搭配一定青绿饲料饲喂。

2. 按肉鸡的生理阶段分类

肉鸡按周龄分为三种或两种，前期料、中期料和后期料等。

3. 按饲料物理形状分类

鸡的饲料按形状可分粉料、粒料、颗粒料和碎裂料，这些不同形状的饲料各有其优缺点，可酌情选用其中的一种或两种。通常生长后备鸡、蛋鸡、种鸡喂粉料；肉仔鸡2周内喂粉料或碎粒料，3周龄后喂颗粒料；肉种鸡喂碎粒料。

（1）粉料　是将饲料原料磨碎后，按一定比例与其他成分和添加剂混合均匀而成。这种饲料的生产设备及工艺均较简单，品质稳定，饲喂方便安全可靠。鸡可以吃到营养较完善的饲料。由于鸡采食慢，所有的鸡都能均匀采食，适用于各种类型和年龄的鸡。可以加水，调制成湿拌料（手握成团，松手即散）饲喂。但粉料的缺点是易引起挑食，使鸡的营养不平衡，尤其是用链条输送饲料时。喂粉料采食量少，且易飞扬散失，使舍内粉尘较多，造成饲料浪费，在运输中易产生分级现象。粉料的细度应在1~2.5毫米。磨得过细，鸡不易下咽，适口性变差。

（2）颗粒料　是粉料再通过颗粒压制机压制成的块状饲料，形状多为圆柱状。颗粒料的直径是中鸡 <4.5毫米，成鸡 <6毫米。颗粒饲料的优点是适口性好，鸡采食量多，可避免挑食，保证了饲料的全价性；鸡可全部吃净，不浪费饲料，饲料报酬高，一般可比粉料增重5%~15%；制造过程中经过加压加温处理，破坏了部分有毒成分，起到了杀虫、灭菌作用，饲料比较卫生，有利于淀粉的糊化，提高了利用率。但颗粒饲料制作成本较高，在加热加压时使一部分维生素和酶

失去活性，宜酌情添加。制粒增加了水分，不利于保存。饲喂颗粒料，鸡粪含水量增加，易发生啄癖。还由于鸡采食量大，生长过快，而易发生猝死症、腹水征等。

（3）粒料　主要是未经过磨碎的整粒谷物，如玉米、稻谷或草籽等。粒料容易饲喂，鸡喜食、消化慢，故较耐饥，适于傍晚饲喂。粒料的最大缺点营养不完善，单独饲喂鸡的生产性能不高，常与配合饲料配合使用。对实施限饲的种鸡常在停料日或傍晚喂给少量粒料。

（4）碎裂料（粗屑料）　是颗料经过粗磨或特制的碎料机加工而成，其大小介于粉料和粒料之间，它具有颗粒料的一切优点和缺点，成本较颗粒料稍高。因制小颗粒料成本高，所以一般先制成直径6~8毫米的大颗粒，冷却后将颗粒通过辊式破碎机碾压成片状，再经双层筛，将破裂粒筛分为2毫米和1毫米的碎料与粉碎料，喂给1~2周龄的雏鸡，特别适于作1日龄雏鸡的开食饲料。制粒时含水量可达15%~17%，冷却后可降为12%~13%。

生产中一般选择方法是：0~2周龄用粉料饲养，3周龄至上市用颗粒料饲养。开食、患有某些疾病（如肾型传染性支气管炎等）时，使用粒料或破裂料。

三、饲料运输与贮存

运输车辆使用前要进行严格消毒，清除鸡毛、鸡粪等各种杂物，避免与有毒有害及其他污物混装。运输途中注意防护，避免因雨淋、受潮等引起饲料发霉变质。运输车辆禁止进入生产区，饲料运到养殖场后，先进行熏蒸消毒，再由转送料车转送到生产区内的料塔。成袋饲料整齐码放在干燥的仓库内。

由于饲养规模大，又受饲料涨价、运输、节假日等因素的影响，所以规模化养殖场必须建造好的贮料间。好的贮料间要求干燥、通风好、便于装卸和出入；贮料间和料塔都应具备隔热、防潮功能，每次进料前对残留饲料或者其他杂物进行清扫和整理，用3克/米^{3}强力熏蒸粉进行熏蒸消毒20分钟；贮存期间做好防雨、防水、防潮、防鸟和防鼠害工作，减少饲料污染和浪费。

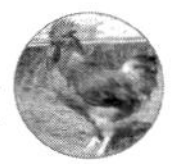

技能训练

简单鉴别鸡饲料的好坏。

【目的要求】学会简单鉴别鸡饲料好坏的方法。

【训练条件】提供不同质量标准的肉鸡颗粒料、粉料各多份。

【操作方法】

1. 检查外观：一般新配制的饲料色泽鲜明，其所含的各种饲料颗粒较易识别。优质饲料，则粗细适中。经较长时间堆贮的陈料，则常有霉变结块现象，而且色泽发暗，即使通过翻晒过筛，其色香味均与新配饲料决然不同。

2. 用手揉捏：用拇指和食指取一小撮饲料，轻轻揉搓，优质饲料除硬质颗粒外，都比较和顺。劣质饲料则粗糙刺手，并在摩擦时有一种“沙沙”声的感觉。

【考核标准】能通过外观检查、手捏等方法，对饲料质量优劣做出快速判断。

思考与练习

1. 肉鸡生长需要哪些营养素?

2. 肉鸡常用的能量饲料和蛋白质饲料有哪些?使用时应该注意什么?

3. 怎样选择和存放肉鸡的饲料?

第四章 肉鸡的饲养管理

知识目标

1. 了解雏鸡的生理特点，掌握肉鸡进雏前的准备工作。
2. 掌握 1 日龄雏鸡的挑选标准和挑选方法。
3. 掌握育雏的温度、湿度、通风管理。
4. 掌握雏鸡的饮水和开食方法。
5. 把握笼养快大型肉鸡生长期和育肥期的管理。
6. 把握优质肉鸡生态放养的关键点。
7. 把握肉用种鸡育雏期、育成期、产蛋期的饲养管理关键点。
8. 学会观察鸡群，并能应对管理。
9. 了解肉鸡出栏时的管理措施。

技能要求

学会雏鸡的挑选。

第一节 做好进雏前的准备工作

虽然育雏期（快大型肉鸡一般指 0~7 日龄）时间短暂，只占到肉

鸡生产阶段（快大型 42 日龄）的 1/6 左右，但雏鸡阶段是肉鸡一生最重要的阶段。这段时间出现的任何失误，都不能在今后的肥育期进行改进和调整，并将严重影响以后的生长速度、成活率、饲料报酬，并直接影响经济效益。因此，好的准备工作始于制定一个完善的育雏工作程序，甚至在雏鸡入舍前就应该制定好。

一、雏鸡的特点

雏鸡是比较适合运输的动物，因在出雏的 2 天内，雏鸡仍处于后发育状态。

雏鸡脐部在 72 小时内是暴露在外部的伤口，72 小时后会自己愈合并结痂脱落。

雏鸡卵黄囊重 5~7 克，内含有供雏鸡生命所需的各种营养物质，雏鸡靠它能存活 5~7 天。雏鸡开始饮水、采食越早，卵黄吸收越快。

二、进雏前的准备工作

（一）鸡舍的清洗与消毒

在清扫的基础上用高压水对空舍天棚、地面、笼具等进行彻底冲洗（图 4–1），做到地面、墙壁、笼具等处无粪块。地面上的污物经水浸泡软化后，用硬刷刷洗后，再冲洗。如果鸡舍排水设施不完善，则

图 4–1　高压水枪冲洗空棚

应在一开始就用消毒液清洗消毒，同时对被清洗的鸡舍周围喷洒消毒药。

图 4–2 对鸡舍的墙壁、地面、笼具等不怕燃烧的物品，对残存的羽毛、皮屑和粪便可进行火焰消毒。

图 4–2 火焰消毒

鸡舍可进行熏蒸消毒。关闭鸡舍门窗和风机，保持密闭完好；按每立方米空间用甲醛 42 毫升，高锰酸钾 21 克，先将水倒入耐腐蚀容器（如陶瓷盘）内，然后加入高锰酸钾，均匀搅拌，再加入福尔马林，人即离开。鸡舍密闭熏蒸 24 小时以上，如不急用可密闭 2 周。消毒结束后，打开鸡舍门窗，通风换气 2 天以上，等甲醛气体完全消散后再使用。

消毒液的喷洒（图 4–3）次序应该由上而下，先房顶、天花板，后墙壁、固定设施，最后是地面，不能漏掉被遮挡的部位。注意消毒药液要按规定浓度配制。鸡舍角落及物体背面，消毒药液喷洒量至少是每平方米 3 毫升。消毒后最好空舍 2~3 周。

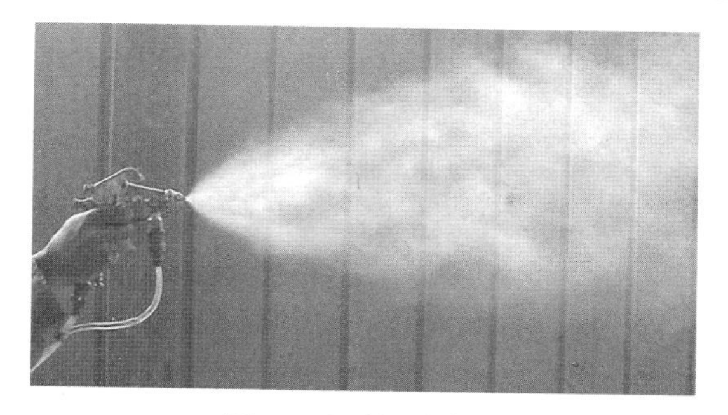

图 4-3　喷洒消毒液

（二）铺设垫料，架设或修复网架，铺设网床，安装好水槽、料槽

至少在雏鸡到场一周前在地面上铺设 5~7 厘米厚的新鲜垫料（图 4-4），以隔离雏鸡和地板，防止雏鸡直接接触地板而造成体温下降。作为鸡舍垫料，应具有良好的吸水性、疏松性，干净卫生，不含霉菌和昆虫（如甲壳虫等），不能混杂有易伤鸡的杂物，如玻璃片、钉子、刀片，铁丝等。

网上育雏时，为防止鸡爪伸入网眼造成损伤，要在网床上铺设育雏垫纸、报纸或干净并已消毒的饲料袋（图 4-5）。

图 4-4　铺好垫料的育雏舍

图 4-5　网上铺好已消毒的饲料袋

图 4-6 这些装运垫料的饲料袋子，可能进过许多鸡场，有很大的潜在传染性，不能掉以轻心，绝对不能进入生产区内。

图 4-6　这些装运垫料的饲料袋子

雏鸡进舍前 1 周，搭建或修复好网架，铺设网床（图 4-7、图 4-8）。育雏期最少需要的饲养面积或长度见表 4-1。

图 4-7　用铁丝做网床支架

图 4-8　网床搭建

表 4-1　育雏期最少需要的饲养面积或长度（0~4 周龄）

饲养面积：	
垫料平养	11 只 / 米 ^{2}
采食位：	
（链式）料槽	5 厘米 / 只
圆形料桶（42 厘米）	8~12 只 / 桶
圆形料盘（33 厘米）	30 只 / 盘

（续表）

饮水位：	
水槽	2.5 厘米 / 只
乳头饮水器	8~10 只 / 个
钟形饮水器	1.25~1.5 厘米 / 只

正确计算肉鸡的饲养密度及育雏所必需的设备数量，安装、调试好水线、料线（图 4–9），安装、调试好鸡舍（图 4–10）。

图 4–9 安装、调试好水线、料线

图 4–10 安装、调试好笼舍

（三）平面育雏要正确设置育雏围栏（隔栏）

肉鸡的隔栏饲养法，做隔栏的原料可用尼龙网或废弃塑料网。高度为 30~50 厘米（与边网同高），每 500~600 只鸡设一个隔栏。（图 4–11、图 4–12）隔栏法有很多好处，主要表现在以下几方面。

图 4–11 做好隔栏

图 4–12 雏鸡在隔栏内饲养

① 一旦鸡群状况不好，便于诊断和分群单独用药，减少用药应激。

② 有利于控制鸡群过大的活动量，促进增重。

③ 鸡铺隔栏可便于观察区域性鸡群是否有异常现象，利于淘汰残、弱雏。

④ 当有大的应激出现时（如噪声、喷雾等），可减少由应激所造成的不必要损失。

⑤ 接种疫苗时，小区域隔栏可防止人为造成鸡雏扎堆、热死、压死等现象发生。

⑥ 有利于提高鸡产品质量。可避免出栏抓鸡时，鸡的大面积扎堆、互相碰撞所造成的鸡肉出血、淤血现象发生。另外，还能避免出栏抓鸡时，鸡过于集中，使网架坍塌压死鸡现象的发生，减少损失。

若使用电热式育雏伞（图 4–13），围栏直径应为 3~4 米；若使用红外线燃气育雏伞，围栏直径应为 5~6 米。用硬卡纸板或金属制成的坚固围栏可较好地保护雏鸡不受贼风侵袭，使雏鸡围护在保温伞、饲喂器和饮水器的区域内（图 4–14）。

图 4–13 电热式育雏伞

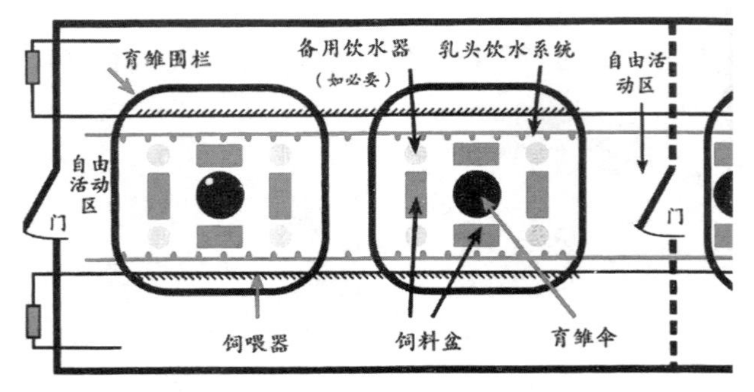

图 4–14 育雏伞育雏示意

（四）鸡舍的预温

雏鸡入舍前必须提前预温，把鸡舍温度升高到合适的水平，对雏鸡早期的成活率至关重要。提前预温还有利于排出残余的甲醛气体和潮气。育雏舍地表温度可用红外线测温仪测定。

一般情况下，建议冬季育雏时鸡舍至少提前 3 天（72 小时）预温；而夏季育雏时，鸡舍至少提前一天（24 小时）预温。若同时使用保温伞育雏，则建议至少在雏鸡到场前 24 小时开启保温伞，并使雏鸡到场时，伞下垫料温度达到 29~31℃。

使用足够的育雏垫纸或直接使用报纸（图 4–15）或薄垫料隔离雏鸡与地板，有利于鸡舍地面、墙壁、垫料等在雏鸡到达前有足够的时间吸收热量，也可以保护小鸡的脚，防止脚陷入网格而受伤（图 4–16）。

图 4–15　使用报纸堵塞网眼

图 4–16　雏鸡脚进入网眼易损伤

（五）饮水的清洁与预温

保证雏鸡的饮水清洁至关重要。检查饮水加氯系统，确保饮水加氯消毒，开放式饮水系统应保持 3 毫克 / 千克水平，封闭式系统在系统末端的饮水器处应达到 1 毫克 / 千克水平。因为育雏舍已经预温，温度较高，因此，在雏鸡到达的前一天，将整个水线中已经注满的水更换掉，以便雏鸡到场时，水温可达到 25℃，而且保证新鲜。

第二节　接雏与雏鸡的管理

一、1日龄雏鸡的挑选

雏鸡在孵化场孵出蛋壳从出雏器转移出来后，就已经经历了相当多的操作，如挑拣分级，对出壳后的雏鸡进行个体选择，选留健雏，剔除弱雏和病雏；公母鉴别；有的甚至已经做过免疫接种，如对出壳后的雏鸡进行马立克氏病疫苗的免疫接种。

评价1日龄雏鸡的质量，需要对雏鸡个体进行检查，然后做出判断，检查的内容见表4-2。

表4-2　1日龄雏鸡的检查内容

雏鸡个体的检查内容	健康雏鸡（A雏）	弱雏（B雏）
反射能力	把雏鸡放倒，它可以在3秒内站起来	雏鸡疲惫，3秒后才可能站起来
眼睛	清澈，睁着眼，有光泽	眼睛紧闭，迟钝
肚脐	脐部愈合良好，干净	脐部不平整，有卵黄残留物，脐部愈合不良，羽毛上沾有蛋清
脚	颜色正常，不肿胀	跗关节发红、肿胀，跗关节和脚趾变形
喙	喙部干净，鼻孔闭合	喙部发红，鼻孔较脏、变形
卵黄囊	胃柔软，有伸展性	胃部坚硬，皮肤紧绷
绒毛	绒毛干燥有光泽	绒毛湿润且发黏
整齐度	全部雏鸡大小一致	超过20%的雏鸡体重高于或低于平均值
体温	体温应在40~40.8℃	体温过高：高于41.1℃，体温过低，低于38℃，雏鸡到达后2~3个小时内体温应为40℃

健康的雏鸡应该在3秒内站立起来，即使是把雏鸡放倒，它也会在3秒内自行站立。健康的雏鸡两眼清澈，炯炯有神；喙部干净，鼻孔闭合；绒毛干燥有光泽；大小一致，均匀度好；脐部愈合良好，干净无污染；脚部颜色正常，无肿胀。

检查脐部，看是否有闭合不良的情况，如由卵黄囊未完全吸收，造成脐部无法完全闭合。这些脐部闭合不良的雏鸡发生感染的风险较高，死亡率也高。必须留意接到的雏鸡中脐部闭合不良的比例有多高，及时与孵化场进行沟通。若无堵塞物，脐部随后还可以闭合。

雏鸡肛门上有深灰色水泥样凝块，通常是由于严重的细菌如沙门氏菌感染或是肾脏机能失调造成的。应该立即淘汰这些雏鸡。腹膜炎会影响肠道蠕动，造成尿失禁。一旦干燥，就会形成水泥样包裹，通常在应激时发生。雏鸡肛门上有深灰色铅笔样形状糊肛，还没有太坏的影响。

雏鸡出壳后1小时即可运输。一般在雏鸡绒毛干燥可以站立至出壳后36小时前这段时间为佳，最好不要超过48小时，以保证雏鸡按时开食、饮水。挑选好的雏鸡，用专用优质运雏箱盛装，每个箱子中分四个小格，每格放20~25只雏鸡。也可用专用塑料筐。

夏季运输尽量避开白天高温时段。运输前要对运雏车辆、运雏箱、工具等进行消毒，并将车厢内温度调至28℃左右。在运输过程中尽量使雏鸡处于黑暗状态，这样可以减少途中雏鸡活动量，降低因相互挤压等造成的损伤。车辆运行要平稳，尽量避免颠簸、急刹车、急转弯，30分钟左右开灯观察1次雏鸡的表现，出现问题要及时处理。

将运雏箱装入车中，箱间要留有间隙，码放整齐，防止运雏箱滑动。运雏车到场后，应迅速将雏鸡从运雏车内移出。雏鸡盒放到鸡舍后，不能码放，要平摊在地上，同时要随手去掉雏鸡盒盖，并在半小时内将雏鸡从盒内倒出，散布均匀。根据育雏伞育雏规模，将正确数量的雏鸡放入育雏围栏内。空雏鸡盒应搬出鸡舍并销毁。

有的客户在接到雏鸡后要检查质量和数量，一定要先把雏鸡盒卸下车，并摊开放置，再指派专人去查。不能在车内抽查或在鸡舍内全群检查，这样往往会造成热应激而得不偿失。

二、入舍与管理

行为是一切自然演变的重要表达。每隔数小时就应该检查鸡的行为，不只是在白天，夜间也同样需要进行行为观察。

观察一日龄雏鸡的行为，可以判定管理好坏，并尽快纠正失误。如：

① 鸡群均匀地分布在鸡舍内各个区域，说明温度和通风设置的操作是正确的；

② 鸡群扎堆在某个区域，行动迟缓，看上去很茫然，说明温度过低；

③ 鸡总是避免通过某个区域，说明那里有贼风；

④ 鸡打开翅膀趴在地上，看上去在喘气并发出叽叽声，说明温度过高或是二氧化碳浓度过高。

（一）低温接雏

雏鸡经过长时间的路途运输，饥饿、口渴、身体条件较为虚弱。为了使雏鸡能够迅速适应新的环境，恢复正常的生理状态，我们可以在育雏温度的基础上稍微降低温度，使育雏围栏内的温度保持在27~29℃。这样，能够让雏鸡逐步适应新的环境，为以后生长的正常进行打下基础。

雏鸡到达育雏舍后，需要适应新的环境，此时雏鸡分布不均匀，但4~6小时后，雏鸡应该开始在鸡舍内逐渐散开，并开始自由饮水、采食、走动，24小时后在鸡舍内均匀散开。

（二）适宜的育雏温度

雏鸡入舍24小时后，如果仍然扎堆，可能是由于鸡舍内温度太低。当鸡舍内温度太低时，若未对垫料和空气温度进行加热，将导致鸡的发育不良和鸡群整齐度差。雏鸡扎堆会使温度过高，雏鸡一到达育雏舍后就应该立即将其散开，同时保持适宜的温度并调暗光照。

1. 学会看鸡施温

温度是否合适，不能由饲养员自身的舒适与否来判断，也不能只参照温度计，应该观察雏鸡个体的表现。温度适宜时，雏鸡均匀地散在育雏室内，精神活泼、食欲良好、饮水适度。

温度比较适宜时，鸡群分布均匀，吃料有序，有卧有活动的，卧式也比较舒服；温度偏高，鸡群躲在围栏边缘处，但卧式也较好，只表示温度略偏高些，鸡群也能适应，这只是表示鸡群想远离热源。若温度再高，鸡群就不再静卧，出现张口呼吸、翅膀下垂的情况。

2. 不同育雏法的温度管理

（1）温差育雏法　就是采用育雏伞作为育雏区域的热源进行育雏。前 3 天，在育雏伞下保持 35℃，此时育雏伞边缘有 30~31℃，而育雏舍其他区域只需要有 25~27℃即可。这样，雏鸡可根据自己的需要，在不同温层下进进出出，有利于刺激其羽毛的生长，将来脱温后雏鸡将很强壮并且很好养。

随着雏鸡的长大，育雏伞边缘的温度应每 3~4 天降 1℃左右，直到 3 周龄后，基本降到与育雏舍其他区域的温度相同（22~23℃）即可。此后，可以停止使用育雏伞。

雏鸡的行为和鸣叫声将表明鸡只舒适的程度。如果育雏期内雏鸡过于喧闹，说明鸡只不舒服。最常见的原因是温度不太适宜。

育雏伞下温度是否合适，可通过观察雏鸡的分布情况来判断（图 4–17）。

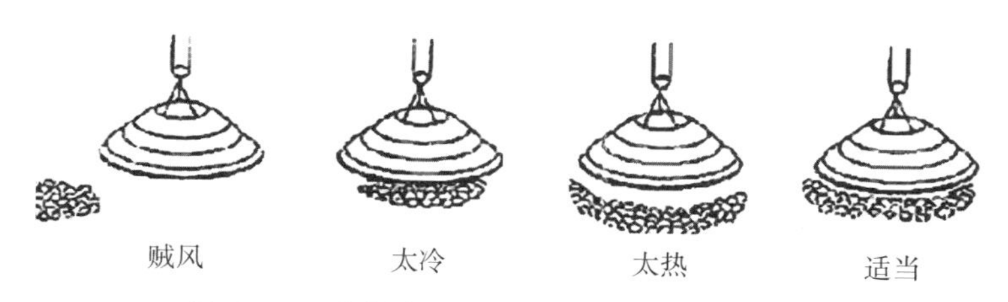

图 4–17　育雏伞下育雏时温度变化与雏鸡表现

雏鸡受冷应激时，雏鸡会堆挤在育雏伞下，如育雏伞下温度太低，雏鸡就会堆挤在墙边或鸡舍支柱周围，雏鸡也会乱挤在饲料盘内，肠道和盲肠内物质呈水状和气态，排泄的粪便较稀且出现糊肛现象。育雏前几天，雏鸡因育雏温度不够而受凉，会导致死亡率升高、生长速率降低（体重最低要超过 20%）、均匀度差、应激大、脱水以及较易发生腹水征的后果。

雏鸡受热应激时，雏鸡会俯卧在地上并伸出头颈张嘴喘气。雏鸡会寻求舍内较凉爽、贼风较大的地方，特别是远离热源沿墙边的地方。雏鸡会拥挤在饮水器周围，使全身湿透；饮水量会增加。嗉囊和肠道会由于过多的水分而膨胀。脱水可导致死亡率高，出现矮小综合征和鸡群均匀度差；饲料消耗量降低，导致生长速率和均匀度差；最严重的情况下，由于心血管衰竭（猝死症）的死亡率较高。

（2）整舍取暖育雏法　与温差育雏法（也叫局域加热育雏法）不同的是，整舍取暖育雏法采用锅炉作为热源，在舍内通过暖气片（或热风机）散热供暖；或者采用热风炉作为热源供暖。因此，整舍取暖育雏法也叫中央供暖育雏法。

由于不使用育雏伞，鸡舍内不同区域没有明显的温差，所以利用雏鸡的行为作温度指示有点困难。这样雏鸡的叫声就成了雏鸡不适的仅有指标。只要给予机会，雏鸡愿意集合在温度最适合其需要的地方。在观察雏鸡的行为时要特别小心。雏鸡可能集中在鸡舍内的某个地方，显示出成堆集中的现象，但别以为这就是因为鸡舍内温度过低的缘故，有时候，这也可能是因为鸡舍其他地方太热了。一般来说，如果雏鸡均匀分散，就表明温度比较理想（图 4–18）。

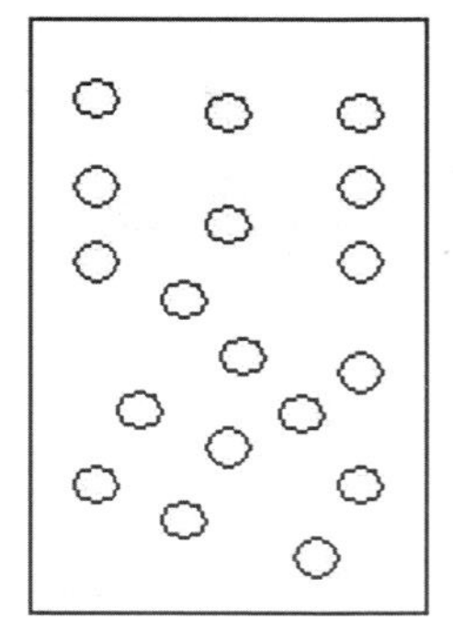

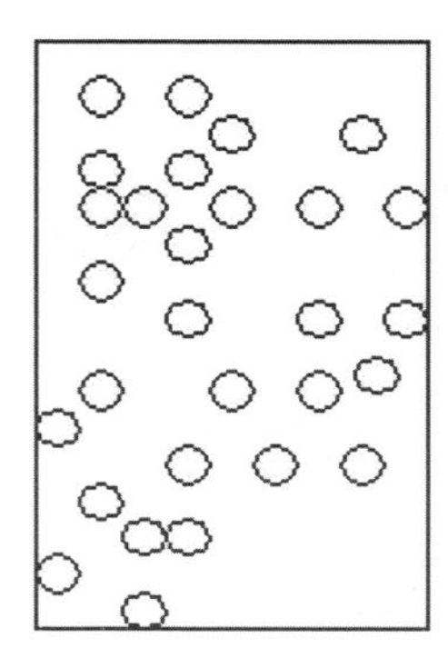

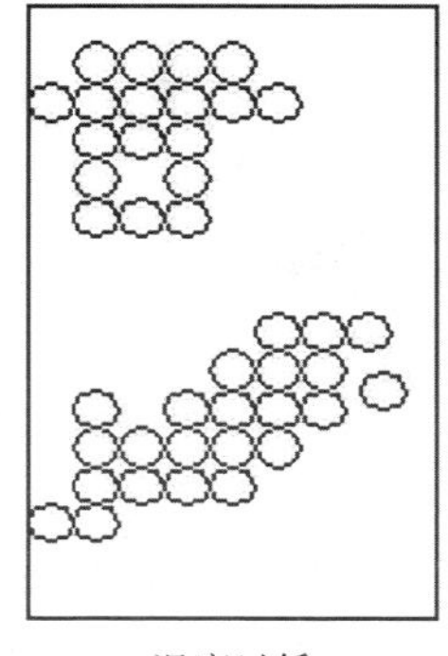

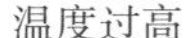

温度过高　　温度适宜　　温度过低

图 4–18　整舍取暖育雏法育雏温度的观察

在采用整舍取暖育雏时，前 3 天，在育雏区内，雏鸡高度的温度应保持在 29~31℃。温度计（或感应计）应放在离地面 6~8 厘米的位

置，这样才能真实反映雏鸡所能感受的真实温度。以后，随着雏鸡的长大，在雏鸡高度的温度应每 3~4 天降 1℃左右，直到 3 周龄后，基本降到 21~22℃即可。

以上两种育雏法的育雏温度可参考表 4-3 执行。

表 4-3　不同育雏法育雏温度参考值

整舍取暖育雏法		温差育雏法		
日龄	鸡舍温度（℃）	日龄	育雏伞边缘温度（℃）	鸡舍温度（℃）
1	29	1	30	25
3	28	3	29	24
6	27	6	28	23
9	26	9	27	23
12	25	12	26	23
15	24	15	25	22
18	23	18	24	22
21	22	21	23	22

（三）确保适当的相对湿度

雏鸡进入育雏舍后，必须保持适当的相对湿度，最少 55%。寒冷季节，当需要额外的加热，假如有必要，可以安装加热喷头，或者在走道泼洒些水，效果较好。在不同的相对湿度下达到标准温度所对应的干球温度可参考表 4-4。

表 4-4　在不同的相对湿度下达到标准温度所对应的干球温度

日龄（天）	目标温度（℃）	相对湿度（%）范围	不同相对湿度下的温度（℃）理想			
			50%	60%	70%	80%
0	29	65~70	33.0	30.5	28.6	27.0
3	28	65~70	32.0	29.5	27.6	26.0
6	27	65~70	31.0	28.5	26.6	25.0
9	26	65~70	29.7	27.5	25.6	24.0

（续表）

日龄（天）	目标温度（℃）	相对湿度（%）范围	不同相对湿度下的温度（℃）理想			
			50%	60%	70%	80%
12	25	60~70	27.2	25.0	23.8	22.5
15	24	60~70	26.2	24.0	22.5	21.0
18	23	60~70	25.0	23.0	21.5	20.0
21	22	60~70	24.0	22.0	20.5	19.0

（四）通风

鸡舍内的小气候取决于通风、加热和降温的结合。对于通风系统的选择还要适应外部的条件。无论通风系统简单还是复杂，首先要能够被人操控。即使是全自动的通风系统，管理人员的眼、耳、鼻、皮肤的感觉也是重要的参照。

自然通风不使用风机促进空气流动。新鲜空气通过开放的进风口进入鸡舍，如可调的进风阀门、卷帘。自然通风是简单、成本低的通风方式。

即使在自然通风效果不错的地区，养殖场主们也越来越多地选择机械通风。虽然硬件投资和运行费用较高，但机械通风可以更好地控制鸡舍内环境，并带来更好的饲养结果。通过负压通风的方式，将空气从进风口拉入鸡舍，再强制抽出鸡舍。机械通风的效果取决于进风口的控制。如果鸡舍侧墙上有开放的漏洞，会影响通风系统的运行效果。

横向通风：风机将新鲜空气从鸡舍的一侧抽入鸡舍，横穿鸡舍后从另一侧排出。通风系统可以设置最小和最大的通风量。

侧窗通风：进风口设置在鸡舍两侧，风机安装在鸡舍一端。这种通风方式非常适合于常年温度变化不大的地区（如海洋性气候地区），其设备投资和运行费用均较低。

屋顶通风：风机安装在屋顶的通风管道处，进气阀均匀分布在鸡舍两边。该通风方法经常用于较冷天气的少量通风。该系统少量通风时运行较好，大量通风时运行成本较高，因为需要大量的风机和通

风管。

纵向通风：风机安装在鸡舍末端，进风口设置在鸡舍前端或前端两侧的一段侧墙上。空气被一端的风机吸入鸡舍，贯通鸡舍后从末端排出。纵向通风可以加大空气流动速度，最大至 3.4 米/秒，从而给鸡群带来风冷效应。在通风量要求很大的鸡舍，通常采用纵向通风系统。

复合式通风：纵向通风经常与屋顶通风或侧窗通风等联合使用。屋顶和侧窗通风用于少量通风，当较大量通风时需要把这些阀门关闭且进风口打开。复合式通风将被逐渐广泛应用（图 4-19）。

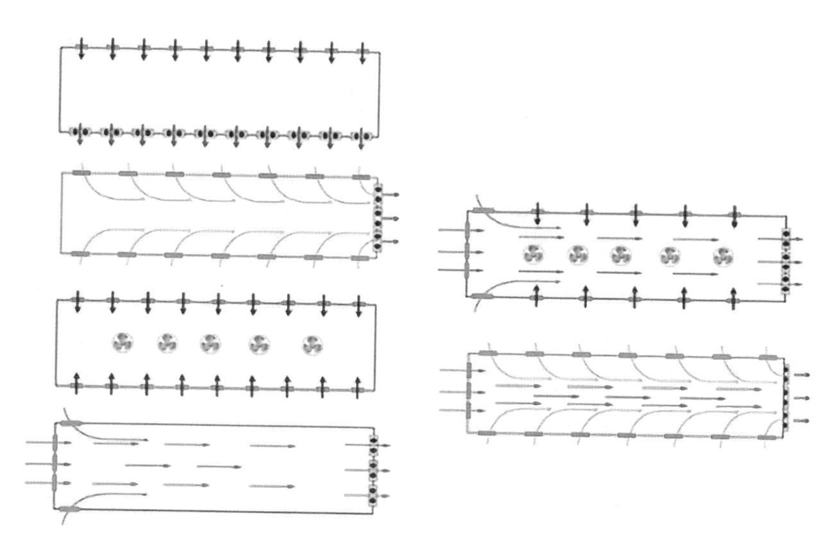

图 4-19　通风方式（左侧从上到下依次是横向通风、侧窗通风、屋顶通风、纵向通风，右侧为复合式通风）

要及时对通风效果进行评价（图 4-20）。对于地面平养系统，鸡群在鸡舍中的分布情况就可以说明通风的效果和质量，也可通过其他方法对通风效果进行评估。简单的方法是裸露并沾湿双臂，站到鸡聚集数量较少的区域，感觉是否该区域有贼风，感觉一下垫料是否太凉。观察整个鸡舍中鸡群的分布情况，判断是否与风机、光照和进风口的设置有关系。一旦改变了光照、进风口等设备的设置，数小时后再次观察鸡群分布情况是否有改变。对于改变设置的效果，不要轻易地下否定的结论。同时记录改变设置的内容。

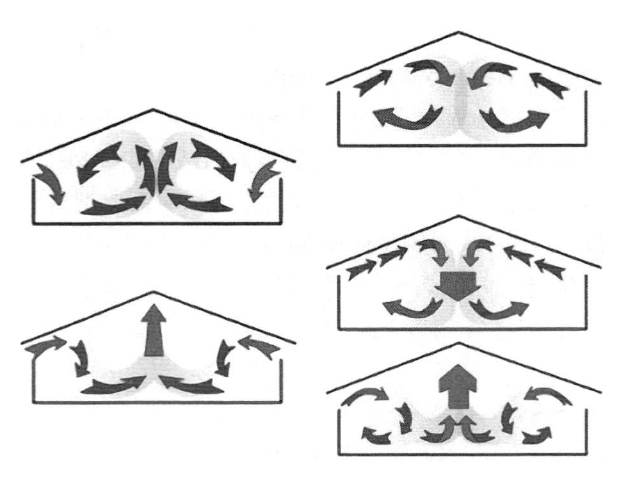

图 4–20　通风效果的评价

图 4–20 中右上角图片是通风效果良好的示意图。其他示意图是地面平养系统中，通风失败的例子。其中，左上示意图中，气候炎热的时候，需要调整遮风板；新鲜的冷空气会高速吹向鸡群。左下图，鸡群聚集在鸡舍中间，远离鸡舍两侧；遮风板关闭太严，造成通过遮风板进入鸡舍的空气十分有限，少量新鲜空气进入鸡舍后马上就消散了；调整遮风板，最少打开两个手指的空间。右侧中间图，新鲜的冷空气在鸡舍中部沉降下来，在鸡舍两侧，空气的流动速度较慢；鸡群避免停留在鸡舍中部，大多聚集在鸡舍两侧，造成两侧的垫料潮湿，质量下降；减少通风量。右下图，新鲜的冷空气沉降得太快，没有跟鸡舍内的热空气充分混合并升高温度，鸡群聚集在鸡舍中部；在鸡舍内部会形成两个条状地带没有鸡停留，这就是所谓的“斑马线效应”；增加通风量。

通风量的设定不仅仅依靠温度，还需要考虑鸡舍湿度，以及鸡背高度的风速和空气中的二氧化碳浓度。如果二氧化碳浓度过高，鸡会变得嗜睡。如果您在鸡背高度持续工作超过 5 分钟后有头痛的感觉，那么二氧化碳的浓度至少超过 3 500 毫克 / 米 ^{3}，说明通风量不够。还

要注意，不能有贼风。

您是否注意过鸡舍地面的颜色？如果地面是暗黑色，那就是太潮湿，应该立即增加通风量。同时检查这种情况是整个鸡舍都存在还是仅仅发生在某个区域。

自然通风的一个劣势就是，如果没有自然风，鸡舍内就没有通风可言。必要时，可以用附属的风机增加通风量。自然通风的鸡舍，通风可以影响内部气候，太高的空气流速会造成贼风，贼风可能会在鸡舍不同位置突然发生；防风林带和鸡舍外的墙，都会起到减少风影响的作用（图 4–21），在密闭鸡舍，防风装置可以安装在进风口前适合的位置。

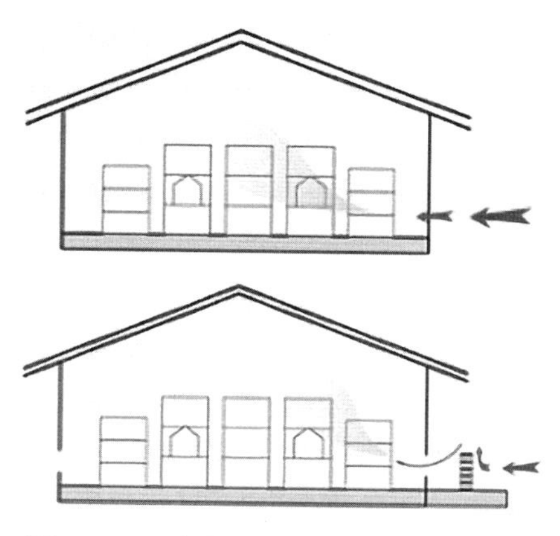

图 4–21　鸡舍外的墙可减弱贼风影响

确保在育雏的最初几天关闭进风口和门窗，以防止贼风。如果育雏舍的光照强度弱，且自然光照时间短，可以使用舍内光照系统，适时、适当补充光照。

第三节　雏鸡的饮水与开食

一、开水

雏鸡入舍后，要安排足够的人员教雏鸡饮水（将雏鸡的喙浸入水中，图 4–22）。因雏鸡长途运输、脱水、遇到极端温度等，第一天应在饮水中添加 3%~5% 的食糖（如多维葡萄糖），可缓解应激效果。食糖溶液饮用天数不能过多（一般 2~3 天），否则易出现糊肛现象。要保证使 100% 雏鸡喝到第一口水。

图 4–22　教雏鸡学会饮水

鸡舍灯光要明亮，让饮水器里的水或乳头悬挂的水滴反射出光线，吸引雏鸡喝水。无论何时，在提供饲料之前使雏鸡饮水 1~2 小时，减少雏鸡脱水。若使用真空饮水器喂水，则要求每 4~6 小时擦洗一次饮水器。现在制作的饮水乳头质量很好，不再需要滴水托盘，滴水托盘容易被污染。饮水系统的优缺点见表 4–5。

表 4–5　饮水系统的优（+）缺（–）点

钟式饮水器	乳头式饮水器	饮水杯
+ 很容易喝到水 + 水位和悬挂高度容易调 – 开放系统，水有时不新鲜 – 水会喷出来，把垫料弄湿	+ 封闭系统，水总是新鲜的 + 少量的水会喷出来 + 有较大的空间可以来回走动 – 投资成本高 – 较难控制水量分配	+ 容易喝到水 + 容易检查是否堵塞 – 投资成本高 – 污染概率大 – 空间小

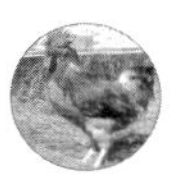

抓起一把垫料，如果能看到有垫料飘落到地上，这是一个好的迹象，因为这意味着垫料是干燥的。然而，因为乳头式饮水器漏水或向外溅水，垫料经常会微湿。如果垫料太干，这说明雏鸡饮水不足。检查饮水量，如果有必要，检查鸡舍的所有饮水乳头的出水量。

不同温度条件下饮水量与喂料量的最低比率可参考表 4-6。

表 4-6 不同温度条件下饮水量与喂料量的最低比率

温度（℃）	水 / 料（毫升 / 克）	增减（%）
15	1.8	-10
21	2.0	*
27	2.7	+33
32	3.3	+67
38	4.0	+100

例如一个存栏 4 000 只鸡的鸡舍，每只鸡每天的采食量为 30 克，当温度为 38℃时，最低供水量为：30 克 ×4.0×4 000=480 千克水（即 480 升水）。

饮水量取决于采食量、饲料组分、鸡舍温度和日龄大小。一般来说，从 10 日龄开始，鸡的饮水量和饲料的比值应该在 1.8~2.0。每天的饮水量是鸡群健康与否的重要指标，记录每天的饮水量和检查采食量，饮水量的突然增加是一个重要信号。若果饮水量增加，首先检查饮水系统是否漏水，然后检查水压、鸡舍内温度和饲料中的盐含量。如果排除上述原因，则需要检查鸡的健康状况（疾病、免疫接种的反应），同时检查这些变化是否与饲料供应及饲喂阶段的变化一致。如果鸡饮水太少，首先检查饮水系统是否正常工作，水压一定不要太低，否则水会漏出来。您也不需要把水线里边的水压调得太高，因为这样鸡不得不用力去推乳头饮水器，从而导致饮水量下降。饮水太少的鸡，看上去昏昏欲睡，检查有昏睡鸡的所有区域的乳头饮水器，看它们是否正常工作。当饮水系统工作正常时，检查水的质量和饮水乳头的高度。

如果乳头式饮水器的出水量太少，鸡的饮水量就少。定期检查水

压和乳头式饮水器的出水量。可以放一个容器到一个乳头式饮水器下持续1分钟，通过测定容器中的水量，来测定水流速度。这个工作需要在不同的水线重复进行。一个惯用的简单方法是：水流速度 = 鸡的日龄 +20（毫升/分钟）。例如，35日龄 +20=55毫升/分钟。太多的水将导致溢出和垫料潮湿，会减低鸡的质量和造成脚垫损伤。对饮水进行实验室检测，全面检查水线是否被污染。

鸡最舒服的饮水姿势是身体站立，抬头，使水正好流进喉咙。您可以通过调整饮水乳头的高度来控制。对于1周龄雏鸡，喙和饮水乳头的最佳角度是35°~45°，大于1周龄的雏鸡，喙和饮水乳头的最佳角度是75°~85°（图4-23）。

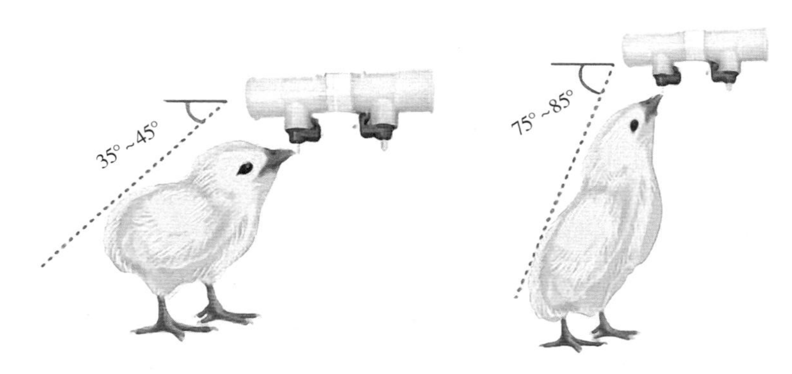

图4-23　鸡的饮水姿势

在大型的肉鸡场，当肉鸡进入鸡舍后，去掉喷雾器的喷头，向乳头式饮水器的接水杯中加水，确保水杯中不断水，是一种好的做法。

饮水的质量标准见表4-7。

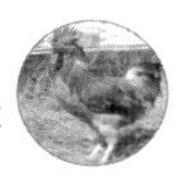

表 4–7 饮水的质量标准

混合物	最大可接受水平	备注
总细菌量	100/ 毫升	最好为 0/ 毫升
大肠杆菌	50/ 毫升	最好为 0/ 毫升，超标会使肠道功能失调
硝酸盐（可以转变为亚硝酸盐）	25 毫克 / 升	3~20 毫克 / 升的水平有可能影响生产性能，如出现呼吸道问题等
亚硝酸盐	4 毫克 / 升	—
pH 值	6.8~7.5 1	pH 值最好不要低于 6.0，低于 6.3 就会影响生产性能
总硬度	80	低于 60 表明水质过软；高于 180 表明水质过硬
氯	250 毫克 / 升	如果钠离子高于 50 毫克 / 升，氯离子低于 14 毫克 / 升就会有害，如采食量下降
铜	0.06 毫克 / 升	含量高会产生苦的味道
铁	0.3 毫克 / 升	含量高会产生恶臭味道，肠道功能失调
铅	0.02 毫克 / 升	含量高具有毒性
镁	125 毫克 / 升	含量高具有轻泻作用，如果硫水平高，镁含量高于 50 毫克 / 升则会影响生产性能
钠	50 毫克 / 升	如硫或氯水平高，钠高于 50 毫克 / 升会影响生产性能
硫	250 毫克 / 升	含量高具有轻泻作用，如果镁或氯水平高，硫含量高于 50 毫克 / 升则会影响生产性能
锌	1.50 毫克 / 升	高含量具有毒性

鸡的饮用水，人尝起来也应该是爽口的，应不含有任何的危险物质或者杂质。抗生素等添加剂会在鸡肉中残留，从而造成食品安全问题。水是药物和疫苗的良好溶剂，当通过饮水接种疫苗时，确保水干净、清凉，水管畅通。因此，事先需要清洗水管，饮水接种疫苗完成之后再彻底清洗水线以防残留。在饮水中添加抗生素或药物，水的味

道变苦，因此，鸡的饮水量会减少。清洗水管，并防止真菌生长繁殖。如果怀疑饮水被污染，则应进行检测。在水管的起始端和末端检查水的质量和温度，通常会发现水管末端的水质不是很好。

一般情况下，鸡的饮水量是其采食量的1.8~2倍。如果温度升高超过30℃，每天的饮水量就会增多，因为鸡要通过呼吸蒸发大量的水，从而降低因高温引起的热应激。同时，饮水量也取决于相对湿度、鸡的健康状况、采食量等。但是，热应激时需要增加50%的饮水量。因此，在高温环境中应确保提供足够的清凉饮水。

⊙ 确保供水系统（水塔、架起的水桶）在阴凉处，且能较好的隔热

⊙ 确保水管不被暴晒

⊙ 让水线末端的水流缓慢

⊙ 如果温度太高，可以放部分冰块到水箱里

图4-24为了获得足够的压力，水箱的位置较高，外边没有设置隔热层，阳光暴晒后，水温升高，容易导致热应激。

图4-24　水箱位置要高

图4-25平房上的水箱外加了隔热层，避免整天被阳光暴晒，可以避免水进入鸡舍时水温过高。

图 4-25　水箱外加了隔热层

二、开食

当雏鸡充分饮水 1~2 小时后，要及时给料。开口饲料可选择合适的颗粒破碎料，加湿成湿拌料（手握成团，松手即散的状态。图 4-26），不但利于开口，帮助消化，增加适口性，还有利于饲料全价性摄入，杜绝雏鸡挑食。第一次添料可多添一些，方便小鸡能很快吃到料，以后则应少添勤添（每天 5~6 次），这样做可刺激雏鸡的食欲。

图 4-26　湿拌料

将事先拌好的湿拌料均匀撒在铺好的饲料袋或铺好的报纸上，最好撒向雏鸡多的地方，诱导雏鸡啄食，建立食欲。以能使雏鸡抬头能喝水，低头能吃料即可。

可以直接把破碎颗粒料撒在铺网上的报纸、牛皮纸或编织袋上，便于雏鸡采食。养殖实践发现，网上平养垫纸法可增加采食面积，雏鸡只要在铺设的报纸上活动，随时随地都可采食到颗粒饲料，不再需要“漫无目的”寻找食物，也不必拥挤在料桶或开食盘（雏鸡刨料玩耍浪费饲料严重，且易受粪便污染）处争抢采食，增加采食饲料的机会，缩短用于寻找食物和“抢槽”的时间。

每次添料时，应及时清理料盘里的旧料，并定期清洁料盘。尽量保证每圈每天的喂料量基本相同。开食 6 小时左右，即可将栏内的开食盘翻开并在内撒料，以后逐步将开食盘全部加入栏内，并不再向编织袋上撒料。10 个小时左右，将雏鸡的采食全部过渡到开食盘，并慢慢取走料袋。

依据管理人员测定情况，安排工人进行细致检查，将未饮水、没吃料的弱鸡、小鸡挑出来放在残栏中单独饲养。

注意残栏的特殊照顾，并且由于鸡群的群居性，不要将单个、少量的弱鸡单独饲养，避免其孤独，精神不振，记着它们是弱势群体，要特别关注。对于弱鸡，更加细致的管理无疑非常重要，足够的饲料和饮水可以帮助弱鸡渡过难关。雏鸡入舍前，必须把鸡舍温度升高到合适的水平，并使用育雏垫纸或薄垫料隔离雏鸡与地板，防止雏鸡直接接触地板而造成体温下降。1 日龄雏鸡没有自身调节体温的能力，如果不能采食足够的饲料，会造成体温下降，甚至死亡。对挑选出来的不吃料和没饮上水的雏鸡，“开小灶”进行单独饲养。

如果鸡群分布均匀，开水、开食正常，可以每小时“驱赶”鸡群一次，让其自由活动，增强食欲。如果鸡群扎堆，则需随时赶鸡，保证鸡群不出现扎堆现象。

开食良好的标志是：在入舍 8 小时后有 80% 的雏鸡嗉囊内有水和料，入舍 24 小时后有 95% 以上的雏鸡嗉囊丰满合适，否则以后很难生长得较理想。检查嗉囊时，如果手感过硬像“小石子”，表明雏鸡采食后饮水量少；如果手感过软像“水泡”，表明饮水量过大，而没有采食饲料；饮水量或采食量适宜时，嗉囊手感微软、有硬物。

三、病弱雏鸡的识别和挑选

死淘率高造成的鸡群损失往往发生在育雏的前 7 天。如果种鸡或孵化期间出现问题，雏鸡的死淘率会上升。对于此间出现的弱鸡，给予更加细致周到的管理无疑至关重要，合理的治疗、足够的饲料和饮水可以帮助病、弱鸡渡过难关。

常见的弱鸡是指发育不良，歪脖、伸脖或仰头、瘸腿、扎堆的鸡，主要原因见表 4–8。

表 4–8　弱鸡的表现与发生的原因

弱鸡的表现	发生的常见原因
发育不良	觅食和觅水的能力差，不易找到料槽和水槽，或是放置育雏纸上的饲料消耗太快而又没能及时补充。这在饲养周期内无法补救
歪脖、扭脖、伸脖和仰头	脑部炎症，可能是由于沙门氏菌感染，或是感染了链球菌、肠球菌、霉菌等。这多与孵化场内感染有关。伸脖多是感染了呼吸道病
瘸腿	细菌性感染，如感染沙门氏菌、链球菌、肠球菌、大肠杆菌等。这个阶段的细菌感染往往是与种蛋质量和孵化场的条件有关。之后，就根据瘸腿问题的严重性来决定养护的质量
扎堆	鸡群感觉太冷

第四节　生长期和育肥期的饲养与管理

一、常规管理

（一）科学调整喂料

生长期的鸡已能适应外界环境的变化。这个阶段的重点在于促进骨骼和内脏生长发育，所以需要及时增加喂料量，调整饲料配方。换料时要循序渐进，逐渐更换，以免消化系统不适应饲料营养成分的突然变化，带来不必要的损失（图 4–27）。

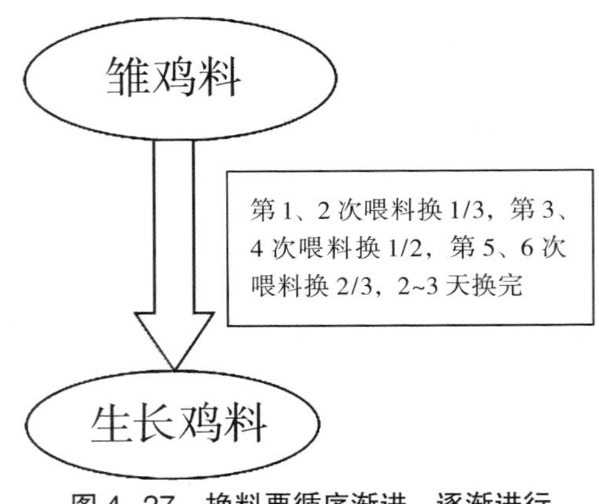

图4-27　换料要循序渐进，逐渐进行

鸡有挑食的习惯，容易把饲料撒到槽外，所以每次投料不可超过料槽高度的1/3。应根据鸡不同的生长阶段，及时更换足够大、添加足够多的喂料工具，而且分布均匀，以免影响采食，导致均匀度降低，影响鸡群的整齐上市。

育肥期饲养管理的要点是促进肌肉更多地附着于骨骼及体内脂肪的沉积，增加鸡的肥度，改善肉质、皮肤和羽毛的光泽。因此，调整饲料配方要以增加能量水平为重点，蛋白质含量可以适当降低。此时期要特别注意按照用药规范，防止药物残留；同时可以在日粮中少量添加安全无公害、富含叶黄素的饲料或饲料添加剂（着色剂）。尽量使鸡的运动降到最低限度，以提高饲料转化率；出栏、抓鸡前6~12小时停止喂料，正常提供饮水。

（二）供给充足饮水

新鲜清洁的饮水对鸡正常生长尤为重要，每采食1千克饲料要饮水2千克以上的饮水，气温越高饮水越多。为使所有的鸡都能得到充足的饮水，自动饮水的鸡场要保证饮水器内不断水，使用其他饮水器的要保证有足够的饮水器且分布要均匀。饮水器的高度要适时调整，防止饮水外溢，造成鸡舍内潮湿。

（三）合理分群

1. 公母分群

由于公母鸡的生理基础不同，所以生长速度、脂肪沉积能力不同，

对生活环境和日粮营养水平的需求也有一定差别，因此进行分群饲养，可以有效地提高饲料利用率，降低生产成本，提高经济效益。这在优质肉鸡生产中尤为重要，而快大型白羽肉鸡生长期短，一般采用公母混养的方式。

2. 大小、强弱分群

在快大型白羽肉鸡饲养过程中，因为个体差异、环境影响或饲养管理不当，可能会出现一些弱鸡，要及时进行大小、强弱分群，挑出病、弱、残、次的鸡，根据不同情况分别对待，以提高鸡群均匀度。个别残次个体应及时挑出予以淘汰，这样既可节约饲料，又可避免对其他个体的影响。

二、笼养快大型肉鸡的一般管理

立体养殖肉鸡多采用整体育雏，当雏鸡密度过大时要适时分群，确保雏鸡体重均匀。第一次分群一般在12~16日龄，分群过早，由于体型太小，容易在育成笼缝隙中钻出，还会造成空间浪费，从而浪费能源。第二次分群，在25~28日龄，分群时采取“留弱不留强”的原则，体重大的健雏放在下层，弱雏留下。夏季由于温度高可适当提前分笼，冬季由于鸡笼上下层温差大，可适当推迟分笼时间，并且下层笼中多放一只，以减少上下层的温差。

（一）分群前的准备工作及转群

① 检查电脑显示和温度探头显示是否准确。检查按时间设定和按温度设定的风机运行是否正常，特别是温度探头要检查是否有粉尘包围，要擦拭干净，以后每隔3天检查一次。进鸡前要用标准温度计校正温度显示的误差并标示在电脑上。

② 笼养鸡舍通风设定一般不设时控，而采用温度控制。一般24~26日龄应设在24~25℃。以后每3天下降0.5℃，如27日龄24℃开23.5℃关，30日龄23.5℃开23℃关，33日龄23℃开22.5℃关，36日龄22.5℃开22℃关，39日龄22℃开21.5℃关，以后39日龄至出栏基本保持不变。

③ 检查笼门，每一个笼门要保证不能有开焊或断掉一面腿的现象，笼门两腿要紧紧夹在笼门两边的铁条上，呈包围状、合拢，如未

合拢，要立即用铁钳使其合拢，以防鸡只撞开笼门。

④ 检查水线是否平整，挂钩应长头向下顶在前顶网下部的横条上，32 日龄后，短头朝上挂在前顶网上端的横条上，以保持水线平整。如果发现个别地方不平整。则肯定是这一部位缺少挂钩，应立即加上。水管充水后，每一个乳头都要检查，以防止乳头堵塞，在饲养过程中要保持每天检查一排整架的乳头，每 4 天检查一遍。水管接头和乳头有漏水时，将食槽内积水清除干净，然后换上干料，以防止因发霉变质使鸡只中毒死亡。

⑤ 检查风机皮带松紧度，风机是否有杂音，如果进鸡后几天内用横向通风，则将纵风机用塑料布密封，以防止下端温度过低，造成冷应激。

⑥ 检查清粪机工作是否正常，拉绳松紧度及转角的性能，清粪道下端挡板是否缺损。

⑦ 检查上料系统和喂料系统，检查喂料机、清粪机的停机接触器是否牢固有效。

⑧ 开始分群前，食槽内先上 1/3 的饲料，并将料车装满料后停在鸡舍下端。

⑨ 抓鸡时严禁抓腿、翅，应双手从笼里拖鸡，人员严禁脚踩鸡笼，严禁拉鸡车碰坏食槽。

⑩ 笼内装满鸡后及时关好笼门，扶平并固定好水线，调整好水线乳头（乳头应 30° 角倾斜向笼门中间，适合鸡饮水）。

⑪ 分群后要及时清点鸡数，除每笼 6~8 只鸡外，还配备 3% 左右的鸡以备死淘，要准确掌握多余鸡只的放置规律，如发现未满笼要及时补充。

⑫ 分群后 3 天内，要及时将跑出笼门的鸡只抓回，每次清粪都要先查看粪道内有无跑出的鸡只，如有则必须到舍外粪场中将鸡只抓回，不得因刮粪压死鸡只。

⑬ 分群后几天，温度要适当调高，春末、夏天、秋初温度要设定在 24℃以上，早春、晚秋、冬天可采用自然通风，进风口要小，能达到呼吸所需要的空气，在鸡舍中感觉不闷即可，温度可保持在 20℃左右即可。

（二）温度、通风、负压

① 由于笼养鸡舍基本没有氨气产生，所以通风的作用主要有两个，一是确保鸡群所需要的氧气，二是为了降温。温度探头如果只有一支，应挂在鸡舍中间；如果有两支，应分别挂在鸡舍上端 1/3 和下端 1/3 处，都应挂在上层笼与鸡背同高处。

② 温度控制不是一成不变的，要随着季节的变化而变换，正确的方法是看鸡施温，晚春、早秋和夏天，温度要设定在 24.5~25.5℃。因为一方面可以减少白天和夜晚的温差，减少对鸡的应激；另一方面是 24~27℃是饲料报酬最好的温度。晚秋和冬天温控可设定在 22℃以上，以自然通风为主，鸡舍内应该有三支温度计，分别放置于鸡舍上端 1/3 处、中间及下端 1/3 处，高度应挂在上层笼与鸡背同高。

③ 晚春、早秋、夏天应以纵向通风为主，28 日龄前应采用横向通风，如温度高于 30℃可采用纵向通风辅助降温。风机的第一挡位设定是满足鸡的正常呼吸需要和确保基本温度的需要。一般夜间温度 10℃以上（4 月 20 日左右）30 日龄以后起步风机应设定两个纵风机，第二挡位至以后挡位是达到降温或以防出现意外的需要，因此第一挡位和第二挡位温差至少要有 2℃，以后挡位温差有 1℃即可。如第一挡位 24.5℃开，24℃关，则第二挡位应在 26.5℃开 26℃关，第三挡位 27.5℃开 27℃关。晚春、早秋如遇阴雨低压天气，温控设定可适当降低 0.5~1℃，以适当增加通风量，并适当关闭进风口至 12 厘米。

④ 早春、晚秋及冬天应以自然通风为主，横向通风作为辅助。保温为主，通风为辅。进风口的设定以 3~5 厘米为宜，风机起步以两个横向风机在 22℃以上为宜，具体程序将另行规定。

⑤ 要在合理进风的范围内尽可能地降低舍内负压，进风口的面积要至少是开启风机面的 2~3 倍。舍内负压过高，不但达不到降温的目的，反而易造成空气稀薄使舍内更加闷热，导致鸡抵抗力下降。

⑥ 进风部位的设置要求不能使风直接吹在鸡身上，特别是两个风机开启时，舍外温度不是太高，更应注意。

⑦ 30 日龄内风机设定以不超过 2 个为宜（纵风机），30~35 日龄以不超过 3 个为宜。如遇高温季节，需要请示总经理及批准。

⑧ 当上午温度逐渐升高，风机逐步启动和下午温度逐步降低，风

机逐步减少时，要严格按以下方式开、闭进风口。

如果一挡设定的温度为24.5℃开，24℃关，则当温度达到25.5℃时，要开启第二挡风机所需的进风口。

当二挡设定的温度为26.5℃开，26℃关，舍内温度升至26℃时，要开启三挡风机所需要的进风口，以此类推。

当温度逐步下降至风机设定关停的温度下0.5℃时，要将风口减至现开启风机所确定的位置。如设定三纵风机为27.5℃开，27℃关，当温度降至27℃时，三纵风机停止工作，但此时温度还有可能升高至27.5℃，三纵风机还会重新启动。因此只有在三纵风机绝对停止工作后温度继续下降至26.5℃才能将风口减小。

⑨ 由于笼养鸡舍靠风速达不到降温的目的，特别是夏天应以湿帘降温为主要手段。但30~35日龄内必须慎用湿帘降温，最多可开启一半湿帘。如温度过高，可通过自动喷雾系统喷雾以达到降温的目的。

⑩ 35日龄后，允许使用湿帘降温。但使用中也必须绝对慎重，一般当舍温达26℃时首先要打开一半湿帘，风机最多4纵；待温度重新反弹至26℃时方可开启全湿帘；当温度再次反弹至27℃时可关闭操作间门。

三、平养肉鸡的一般管理

（一）饮水管理

1. 重要性

水是肉鸡必不可少的营养物质之一，充足而符合卫生标准的饮水供应是肉鸡饲养成功的重要因素之一。

2. 水质要求

要求使用深井水或自来水，必须保证不被大肠杆菌和其他病原微生物所污染。供肉鸡饮用的水源应经化验合格后方可使用。水质不可太硬，含氟高的不能用。

3. 控制方法

保证饮水的干净卫生，每3天用含氯消毒剂处理一次水线，确保水质合格；保证有充足的饮水，确保每个水线乳头流水顺畅。

（二）采食管理

22 日龄至出栏，每天 2~3 小时上一次料。采用自由采食，勤赶鸡，使其多采食，提高增重速度。每次打完料后，进入鸡舍检查料位器有无打过料或无料，每次打料前，要清理料位器下余料，以延长打料时间，促进鸡只采食。

过渡性换料按图 4-27 要求，实施缓慢过渡换料。

注意事项如下。

① 随着鸡日龄的增加不断提升料线。保持料盘筐弯曲部与鸡背相平。

② 每天打料的时间要基本固定，5 点半打第一次料，以后每 2 小时打一次料，以适应鸡的生长规律。

③ 抓鸡前 4~6 小时开始停料，提升料线，抓鸡前 0.5 小时停止饮水，提升水线。夏季高温季节要保证饮水，抓鸡时现提升水线即可。

（三）适时扩群

1. 必要性

为便于保温和管理，育雏间往往较小，随着鸡体增长，所需面积加大，所需的料位、水位也逐渐增加，如不及时扩群，就会影响鸡只采食、饮水和运动，影响增重速度，引起很多疾病，降低成活率。密度过大还容易造成缺氧和氨中毒等疾患，因此，必须适时扩群。

2. 扩群前准备工作

扩群当天和前后各一天，给鸡饮用抗应激药，如速补、多维等。

扩群要选择天气暖和、无大风的中午进行。

对即将扩群部分，要求如下。

① 将所需要扩充的鸡舍部分用隔帘布密封起来，与地面接触处用砖压好，上、下端用铁丝缝好，以防跑鸡，进风口关闭。

② 扩群前 4 小时将扩群间内的稻壳铺得均匀平整，球虫苗免疫的舍将育雏间部分旧稻壳均匀撒在扩群间的垫料上，以利于球虫苗免疫成功。

③ 整理水料线，包括水线平直，高低合适，饮水充足；料线平直，高低合适，料位器安装合理，料盘有充足的料。检查好自动喷雾设备。

④ 扯好暖风带或将煤油炉移到适当位置，将温度加温至所要求温度。

⑤ 用消毒药进行消毒，包括顶棚、侧墙、设备、稻壳等。

⑥ 把节能灯安装齐全，并确保每个灯都能正常工作。

3. 扩群过程

扩群间温度合适后，将第一道隔帘布拆掉，拿到下三间再隔上，将隔栏拆开，让鸡自由散布开。

4. 扩群后工作

① 扩群后 1~2 天，鸡群分布均匀以后，将关闭的风口打开。

② 根据鸡群的分布及采食情况，必要时再隔上隔栏。

四、平养肉鸡垫料的管理

（一）对垫料管理关键问题是保持垫料松软、干燥

① 第一周垫料比较松软、干燥，不必翻垫料，但增加舍内湿度时，不能直接往垫料上洒水。局部垫料过湿要勤翻，结块的垫料要及时清理出舍。

② 从 8 日龄起至出栏前 5 天，发现垫料潮湿要及时添铺垫料。在寒流与阴雨天到来之前要重点添铺。

③ 平时要多观察，防止门窗及房顶漏雨，特别要防止水线漏水，调整好水线和水位的高度。水线下的湿垫料要及时更换或添铺。

④ 每次添铺后要及时拣出垫料中的杂物，特别是比较小的丝线，雏鸡容易误食，缠住舌根造成窒息死亡，或缠住腿部造成腿部损伤。

（二）铺稻壳要求

进鸡前铺稻壳，搬运稻壳防止碰撞损坏设备，稻壳厚度要求冬季 3~4 厘米，夏季 2~3 厘米；铺稻壳时厚度要求一致，不许墙两边厚，中间露地面，不许稻壳内有纸片、布带和绳头等杂物。往鸡舍添铺稻壳时，按以下程序进行。

① 添铺稻壳时，提前 4 小时给鸡饮用抗应激药物，如液体多维等。往舍内搬运稻壳选择中午晴天无大风情况下。

② 将风机关闭后，打开侧门将稻壳搬入。

③ 侧门打开时间不得超过 10 分钟。

④ 稻壳搬入后，再次将侧门密封，风机还原。

⑤ 从鸡舍的一侧开始往垫料上铺稻壳，并将同侧灯关闭。

⑥ 添铺稻壳厚度根据舍内垫料潮湿程度。一般为 0.5~1 厘米，不超过 1 厘米。

⑦ 铺稻壳时，动作要轻，避免鸡群惊吓和损坏舍内设备。

⑧ 铺完一侧稻壳后，将同侧灯打开，同时，将另一侧灯关闭，接着铺另一侧。

⑨ 稻壳添铺完后，检查有无在稻壳上留下杂物，并检查水、料线的完好、清洁及高度。

⑩ 铺完稻壳，用自动喷雾设施进行一次彻底消毒，以净化舍内空气。

第五节　优质肉鸡生态放养关键技术

遵循鸡与自然和谐发展的原则，利用鸡的生活习性，在草地、草山草坡、果园、竹园、茶园、河堤、荒滩上进行生态放养。目前的方式多为前期舍饲、后期放归自然加补饲的方式。

一、建好鸡舍

不管选择山地、果园、林地等哪种放养地点，都要在地势较高的地方为鸡群搭建适合的棚舍，供鸡躲避风雨、防止兽害及晚上休息用。规划建设鸡舍时，要考虑所在地的气象、地质条件，避免大风、洪水等自然灾害可能造成的危害。鸡舍外开好排水沟利于排水，鸡舍高度一般设置为 2~2.5 米；鸡舍内可用木条等制作栖架，以适应鸡喜欢登高栖息的生活习性；提高饲养密度，还可减少肉鸡与鸡粪的接触。放养场地四周可以设置篱笆，也可以选择尼龙网、镀塑铁丝网或竹围，高度 2.5 米以上，防止鸡飞走。

在放牧场地里，人工搭建一些简单棚架，充当鸡的临时避难所，可以让鸡在感到恐惧时在这里躲避。

二、规划好放牧场地

放养密度、放养数量根据自己的实际条件确定。如果放养场地植被较好，且具备轮牧条件，以放牧为主、补饲为辅时，密度不宜太大，每个放养群体在 1 000 只左右为宜。如果人工采集优质牧草等天然饲料资源饲喂，或者以饲喂为主、补饲为辅，则可以大群饲养，甚至可以在 5 000 只以上。放牧场地则不宜过大，否则饲料转化率降低，饲养管理成本等相应增加。为了提高放养效率，进雏可以选择在 2—6 月，放养期 3~4 个月，这段时间刚好牧草生长旺盛，昆虫饲料丰富，可以充分利用。

三、把握好日常管理要点

（一）信号训练

从育雏期开始，每次喂料时给鸡群相同的信号（如吹哨、敲打料盆等），使其形成条件反射。放养后通过该信号指挥鸡群回舍、饲喂、饮水等活动。坚持放养定人，喂料、饮水定时、定点，逐渐调教，形成白天野外采食，晚上返回鸡舍补饲、饮水、休息的习惯。

（二）放牧时机的选择

根据气候和植被情况，一般雏鸡饲养到 30 天左右，体重在 0.3~0.4 千克时开始进行放牧饲养。为了使鸡群适应放牧饲养环境，放养前应逐渐停止人工供温，使鸡群适应外界气温。开始放牧时以每天 2~3 小时为宜，以后时间逐渐延长，放牧场地也要由小到大，循序渐进。

（三）饲料的过渡

放牧前 10 天，逐渐在饲料中掺入一些细碎、鲜嫩的青绿饲料，以后可以逐步采用每日在鸡舍外附近地面撒一些配合饲料和青绿饲料，诱导雏鸡地面觅食，以适应以后的放养生活。放牧前 1 周，为防止应激，可在饲料或饮水中加入维生素 C 或复合维生素。

（四）补料和喂水

根据放牧条件决定放牧期间的饲喂制度。如果以放牧为主，一般放养第 1 周，早中晚各饲喂 1 次，第 2 周开始早晚各 1 次，早晨少喂，

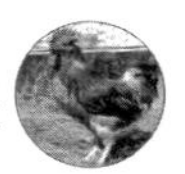

逐渐过渡到每天晚上补料1次，在过渡的同时逐渐由全价料过渡到五谷杂粮，补料量根据放牧场地植被和鸡群嗉囊充盈程度而定。在放牧场地供给充足的饮水，并固定位置。人工补饲优质牧草等青绿饲料时，也要把握由少到多的原则。

（五）放牧后期的饲养管理

出栏前20天左右，应逐渐减少鸡群活动量，增加喂料量，加强育肥，提高肌内脂肪含量，改善鸡肉品质。饲料中不宜添加有异味的鱼油、牛油、羊油等油脂，以免影响肉质。

（六）捕捉注意事项

因放养鸡长期运动，体能好，运动能力强，所以在出栏等需要捕捉时，最好选在晚上，在微弱光照下进行，减少碰撞、挤压，避免不必要的损失。

第六节 肉用种鸡的饲养管理

肉用种鸡按制种过程，分为曾祖代种鸡、祖代种鸡和父母代种鸡。为了充分发挥肉用种鸡的遗传潜力，使肉用种鸡生产出量多、质优的种蛋，获得尽可能多的高质量雏鸡，达到理想的生产性能指标，在饲养管理方面应遵照育种公司手册规定的基本要求，结合当地生产的实际情况进行科学的饲养管理。根据种鸡不同的生理阶段，一般将肉种鸡的生产阶段分为育雏期（0~6周）、育成期（7~24周）和产蛋期（25周至淘汰）。

一、肉种鸡的限制饲养

（一）限饲的目的和作用

1. 控制生长速度，使其达到标准体重

肉用种鸡的最大特点是采食量大，增重速度快。例如，AA⁺种母鸡20周龄的体重标准要求达到1 900~2 400克。在生长期间，若任其自由采食，20周龄时母鸡体重则可达3 000克以上。母鸡过重，常致产蛋量大幅度减少，种蛋的合格率也很低；公鸡过重，则配种能力降低，与配母鸡产的蛋受精率低下，并且往往发生腿部疾患。

2. 推迟肉种鸡性成熟的时期，使其性成熟和体成熟同步化

采取限制饲喂的技术措施，可使肉种鸡的骨骼和内脏器官早期得到充分发育，保持适当的体重，避免生长过快和早期性成熟，从而使全群所有个体的性成熟和体成熟大致同步实现。肉种鸡一般到 24 周龄左右即开始产蛋，到 27~28 周龄产蛋率可达 50%，30~32 周龄进入产蛋高峰期。按技术要求，肉种鸡产蛋不宜早于 21 周龄，也不宜迟于 27 周龄。合理限制饲喂，可使种鸡开产日龄比较整齐，开产适时，产蛋率上升快，产蛋高峰期持续时间长，种蛋的合格率高。

3. 减少脂肪沉积，节约饲料，提高种用价值

若让肉种鸡自由采食，则会因吃得过多而肥胖，体重增加，形成所谓的“脂肪鸡”，这种鸡体质差，胸骨较短，腹部较硬，腹部内容积狭小，体躯发育差，内脏器官周围沉积较多脂肪。“脂肪鸡”不仅饲料消耗大，而且进入性成熟后，生理代谢机能不旺盛，特别是卵巢和输卵管的生殖机能下降，严重影响种用价值。限饲可使种鸡腹部脂肪沉积量减少 20%~30%，从而降低其开产后脱肛、难产的发生率，并且可以提高其耐热能力不易中暑。限饲可减缓种鸡体重增长速度，减少饲料消耗 10%~30%，可使培育成本下降 8% 左右，同时提高了种用价值。

（二）限制饲喂的方法

概括说来，限饲的方法可划分为限时法、限质法和限量法等多种方法。在生产实践中，各种限饲方法并非单独采用，常常根据具体情况，将某些方法配合起来应用。

1. 限饲的方法

（1）限时法　主要是通过控制种鸡的采食时间来控制其采食量。本法又可分为每日限饲、隔日限饲和每周限饲 3 种形式。

① 每日限饲。按种鸡年龄大小、体重增长情况和维持生长发育的营养需要，每日限量投料或通过限定饲喂次数和每次采食的时间来实现限饲。此法对鸡应激较小，适用于育雏后期、育成前期和转入产蛋鸡舍前 1~2 周或整个产蛋期的种鸡。

② 隔日限饲。在饲喂全价日粮的基础上，把 2 天限饲的饲料集中

在1天投给，另一天停喂。即1天喂料，1天停料。该法对种鸡应激较大，但可缓解其争食现象，使每只鸡吃料量大体相当，从而得到体重整齐度较高而又符合目标要求的鸡群。该法适用于生长速度快而难以控制阶段的鸡群或体重严重超出标准的鸡群，但实施阶段2天的饲料总量，不可超过产蛋高峰期的饲料量。目前该方法多调整为喂4停3法（喂4天停3天，将7天的喂料量分摊在4天喂给，周一、周三、周五不喂）。

③ 每周限饲。每周喂5天（周一、周二、周四、周五、周六），停2天（周三、周日），即将7天的饲料平均分配到5天投饲。

（2）限质法　主要是限制饲料的营养水平，使种鸡日粮中某些营养成分的含量低于正常水平。通常采用降低日粮能量或蛋白质水平，或能量、蛋白质和赖氨酸水平都降低的方法，达到限制种鸡生长发育速度的目的。但是，在此应注意，对于种鸡日粮中的其他营养成分，如维生素、矿物质和微量元素等，仍需满足供给。

（3）限量法　通过减少喂料量，控制种鸡过快生长发育。实施此法时，一般按肉用种鸡自由采食量的70%~80%投喂饲料。当然，所喂饲料应保证质量和营养全价。

2. 肉种鸡常用限饲程序

肉种鸡常用限饲程序见表4–9和表4–10。

表4–9　AA^+种母鸡常用限饲程序推荐

周龄	饲料种类	限饲程序	粗蛋白质（%）
0~3	育雏料	每日限饲	17.0~18.0
4~11	育成料	喂4停3	15.0~15.5
12~17	育成料	喂5停2	15.0~15.5
18~20	预产料	喂6停1	15.5~16.5
21~24	预产料	每日限饲	15.5~16.5

表 4–10　AA+ 种公鸡常用限饲程序推荐

周龄	饲料种类	限饲程序	粗蛋白质（%）
0~2	育雏料	自由采食	20.0
3~5	育雏料	限量采食	18.0
6~10	育成料	喂 5 停 2	14.0~15.0
11~17	育成料	喂 6 停 1	14.0~15.0
18~24	配种期公鸡料	每日限饲	14.5~15.5
25~64	配种期公鸡料	每日限饲	14.5~15.5

（三）限制饲养应注意的问题

1. 调群

在限饲过程中要及时调群，调群时间一般是结合停料日的下午称重时进行，要求每周一次，开产后每月一次。在笼养情况下，是按列划分组群，便于给料量的计算和喂料操作。

调群的方法是将体重大的和体重小的选出来分别放在体重大的和体重小的栏中，同时将体重符合标准的鸡只调回到中等体重栏中，调入和调出的数量应相等。

2. 应有充足的采食饮水位置

由于限饲，使鸡群处于饥饿状态。因此，投料后鸡群必然争抢采食，若没有足够的采食和饮水位置，将使一部分弱小鸡只因采食饮水不足而造成体重和体质差异过大，导致均匀度差，甚至在喂料时因抢料而发生伤亡现象。

在限饲期间，除保证每只鸡有 10~15 厘米长的食槽位置外，还应留有 10% 的料位以保证每只鸡都有充足的采食空间。料槽和水槽距鸡活动的范围要求在 3 米以内，水槽离料槽尽量近些，一般是在两料槽之间放置饮水器。

3. 加快投料速度

应将规定的料量迅速均匀地投到喂料器内，使用料桶或料槽喂料时，需增加人员，在均等的位置上同时添料，动作要快，一般要求在 3~5 分钟完成。也可在天亮前或晚上关灯时将料桶装好料挂起，在第二天喂料时同时放下，采食结束时再挂起。如果是用链式饲槽机械送

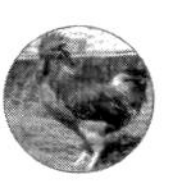

料，要求传送速度每分钟不低于18米或30米以上的快速喂料系统，速度低时应考虑增加辅助料箱或人工辅助喂料。

4. 注意调整营养

在限饲过程中，要注意观察鸡群动态，防止或减少各种应激。如果遇到断喙、疫苗接种、转群、发病以及气候变化时，应有准备地在饲料或饮水中投放抗应激药物，需要时可以适当调整饲料营养，甚至转入正常非限制饲喂。

5. 各阶段应及时换料

结合限饲程序，在保证肉用种鸡标准体重的前提下，应按育雏期、育成前期、育成后期、预产期、产蛋期及时更换饲料，以满足各时期的营养需要。饲料的更换应有3~5天的过渡期。从7周龄开始，每100只鸡每周应喂给450克粒度适宜的不溶性沙砾，有助于饲料的消化吸收。需要强调的是在停饲日不能投喂沙砾。

6. 注意光照程序

限制饲养应和光照程序相结合，才能达到最佳的效果。肉用种鸡的光照程序与蛋鸡基本相同，但由于肉用种鸡实施了限制饲养，为使鸡群的性成熟略为推迟，体成熟和性成熟尽可能地同步，要求在生长期给予较少的光照时间。有条件的鸡场可实施遮黑式鸡舍管理，可以更有效地控制性成熟，达到理想的生产效果。方法是在适宜季节或机械调节舍温的情形下，将鸡舍所有进光的门窗用塑料遮帘遮黑，采用自然光照和人工控制光照相结合。

（四）合理控制肉种鸡的体重

肉种鸡体重的控制，主要是生长期体重的控制，特别是育成期鸡只的体重，因体重与产蛋率有密切的关系。育成期体重大，产蛋期体重也大；反之，育成期体重小，产蛋期体重也小。实验证明，开产时若体重达到该品种的标准体重且整齐度高时，鸡群的产蛋率上升快，进入高峰期产蛋率平稳，高峰期维持的时间长。因此，对肉种鸡体重的控制非常重要。控制肉种鸡的体重，关键是定期监测体重的变化，并根据测定结果采取相应措施。

1. 体重监测方法

抽测鸡时要随机抓取，不可人为挑选。在地面或网上平养的情况下，可将鸡舍沿对角线采取两点，用折叠铁丝网随机将鸡围起来，所围的鸡只数应接近抽测的计划数；或者将鸡舍划分为几个小区，小区的数量视鸡群的大小而定，使得每个小区的鸡只都有称重的机会；若是分层笼养时，除将鸡舍均匀地划分为若干小区外，还要分别抽测上、中、下三层鸡笼鸡只，每个小笼都要全部称重。

抽测应每周称重 1 次，抽测的时间一般在每天饲喂前或停饲日进行。抽测的数量 10 000 只以上抽测 1%~2%，一般不应少于 100 只；10 000 只以下抽测 2%~5% ，一般不能少于 50 只。因为数量少很难代表鸡群的整体情况。

2. 鸡群体重的控制措施

抽测称重结束后，应立即计算平均体重和均匀度，并与标准体重对照。根据具体情况，采取相应的措施。

（1）体重低于标准的鸡群　为了使鸡群的平均体重尽快达到标准体重，主要采取如下措施：一是提前执行下周的喂料量，如第 7 周末实测鸡群体重低于标准体重时，第 8 周应饲喂第 9 周的喂料量；二是体重低于标准体重百分之几，喂料量就应相应增加百分之几，当体重恢复到标准体重后，再饲喂相应周龄的料量。

例如，育成肉种公鸡第 7 周的标准体重为 1 070 克，每日给料量为 8 克 / 只；第 8 周的喂料量为 88 克，第 7 周末实测平均体重为 1 020 克，低于标准体重 4.68%，第 8 周则应增加喂料量 4.68%。那么，第 8 周的进食量为：88 +（88 × 4.68%）=92.1 克。

（2）体重超标的鸡群　为使其平均体重尽快达到标准体重，可采取下列方法：一是继续维持上周喂料量，当体重符合标准后，再喂相应周龄的料量；二是体重超出标准体重百分之几，喂料量就应相应减少百分之几，当体重恢复到标准体重后，再饲喂相应周龄的料量。但不应出现喂料量少于上周的情况。

例如，育成肉种公鸡第 7 周的标准体重是 1 020 克，每日给料量为 83 克 / 只；第 8 周的喂料量是 88 克，第 7 周末实测平均体重为 1 070 克，高于标准体重 4.68%，第 8 周则应减少喂料量为 4.68%。那么，第 8 周的进食量应为 88 −（88 × 4.68%）=83.88 克。

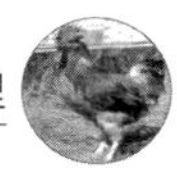

（五）鸡群均匀度与评判标准

所谓体重均匀度，是指鸡群内个体间体重的整齐程度。表示方法是用平均体重 ±10% 范围内的个体占全群的百分数表示。实际生产中也可以计算鸡群体重的变异系数评价鸡群的均匀程度。

1. 抽样称重

首先要随机抽样，抽样称重鸡数应占全群鸡数的 5%（大群抽测 1%），一般抽测鸡数不应少于 100 只，小群也不应少于 50 只。对抽测的鸡要随机抓取，不可人为地挑选大小。分层笼育时，随机抽取上、中、下三层鸡笼的鸡，每个小笼要全部称，逐只称重并记录。

2. 计算平均体重

将每只鸡的体重加起来除以鸡只数，即得出测定群的平均体重。

3. 计算 ±10% 的体重范围的鸡只数

标出测定群平均体重 ±10% 的体重范围，逐只统计测定群内落在该范围内的鸡只数。

4. 计算均匀度

用 ±10% 的体重范围的鸡只数除以抽样的总鸡数，再乘以 100%，得出的数即是该鸡群的均匀度。

一般认为，均匀度大于 90% 为特等，84%~90% 为优，77%~83% 为良好，70%~76% 为一般，63%~69% 为不良，56%~62% 为差等。均匀度一般每两周测定一次。但我们养的一群雏鸡每一周测定一次。如育雏早期发现均匀度差，应查明原因，针对性处理。

二、肉种鸡育雏期的饲养管理

肉种鸡育雏期工作的目标是培育出生长发育正常、体型良好、体格健壮、体重符合本品种标准、整齐均匀、成活率高的鸡群。

（一）育雏期的准备工作

1. 空舍准备

（1）移出设备和饲料　从鸡舍移出所有剩余的饲料和能够移出的设备和物品。

（2）灭鼠　将灭鼠药撒在整个舍内。此时老鼠已有数日无料可吃，很容易中毒。

（3）清扫和清除　清除前一批鸡群中残留的任何活鸡和死鸡。铲刮棚架上、鸡舍边角以及其他表面所积累的粪便，清出垫料和粪便并将其运往远离鸡舍的地方，清扫地面并将所有垃圾和旧垫料全部移出鸡舍和鸡场。

（4）冲洗　用净水冲洗舍内和设备。如昆虫、害虫数量较多，冲洗鸡舍之前应先使用杀虫剂。

（5）消毒鸡舍和设备　应按照避免再次感染的原则使用最适宜的消毒剂，并在设备重新安装之前或之后进行消毒。

（6）设备保养　对鸡舍建筑和设备实施维护和保养。

2. 设置围栏

设置 0.5 米高的育雏围栏，使用电热式育雏伞，围栏直径为 3~4 米；使用红外线燃气育雏伞，围栏直径为 5~6 米。用硬卡纸板或金属制成的坚固围栏可较好地保护雏鸡不受贼风侵袭，将雏鸡围护在保温伞、饲喂器和饮水器的区域内。

3. 预温与加湿

采用暖风机与保温伞结合供温。冬季提前 2 天，夏季提前 1 天启动暖风机，使舍温升至 27~29℃。预温前密封鸡舍（包括进风口、排污孔、排风扇等）。进鸡舍前 8~12 小时打开保温伞，保证雏鸡入舍前 3 小时内温度达到 32~34℃。查看湿度情况，湿度不够时在地面及棚架上洒水加湿，冬季可用热水加湿，保证相对湿度达到 70% 左右。

4. 器具准备

准备好开食盘和饮水器，用消毒剂消毒，再用清水冲净后摆放在围栏旁边，使其自然干燥。还要准备干净大水桶、台称、日报表、周报表、铅笔等用具。

5. 饮用水准备

在雏鸡入舍前 8~10 小时备好开水，自然降温至 20~24℃备用。雏鸡入舍前半小时配好 5% 葡萄糖水。每个饮水器装 1 升，摆在围栏外的棚架上。

（二）接雏要点

雏鸡运到场，应立即将雏鸡小心谨慎地从运雏车卸下，公、母雏分开摆放于育雏围栏外，然后开箱清点鸡数，检查鸡只状况。将鸡只

放入热源范围内，确保鸡只适应新的环境并顺利地找到水源。

（三）开饮、开食

完成接雏工作，即可开饮。先将饮水器放入围栏均匀摆放好，避开保温伞正下方。饲养员可将鸡喙浸入水中2~3秒，诱导雏鸡喝水。在开饮的2~3小时，要有专人看护，辅助雏鸡饮水，模仿母鸡的呼唤声，诱导其活动。捡出水槽中洗澡的雏鸡，阻止雏鸡聚堆，把体弱的鸡放在温度较高的地方，并随时哄赶。

开饮3~4小时后开食，观察到雏鸡群有80%表现觅食行为（即雏鸡绕围栏奔跑）时，即可开食。根据当日料量及栏内鸡数，将饲料称好放在围栏外棚架上，开食时取出约1/6的料量放在备好的开食盘内，并平摊开。开食盘放入栏内时同饮水器交叉排列，均匀分布。放盘时先将雏鸡赶开，并确认盘下无雏鸡时再放下。轻敲开食盘沿或将鸡喙轻轻按入饲料盘中训练雏鸡开食。添加饲料的原则是“少喂，勤添”。尤其首次加料，以料盖住料盘底为宜。随时剔出料盘中的脏污粪便等杂物。

（四）环境控制要点

1. 温度控制

育雏第1天的温度为35~37℃，以后每天下降0.4~0.5℃，至18~19℃保持恒定，温度超过标准时，关闭保温伞或热风机。夏季炎热季节，加强通风换气，温度低于标准时，开启热风机、保温伞，减少或关闭排风扇。热风机、保温伞、排风扇可通过温度标准控制器自动控制。原则上舍内昼夜温差控制在3℃范围内。

2. 湿度控制

湿度在育雏第1周尤为重要，也是最难控制的阶段。由于育雏温度高，雏鸡排粪少，普遍问题往往是湿度不够。加湿的方法有棚架地面洒水，带鸡喷雾消毒（免疫前后只用清水）等。加湿时，温度不够应先提温或洒热水。育雏后期湿度超标，要加强通风、加强对饮水用具的管理，以防饮水器漏水。经常检查干湿温度计，判定湿度情况。在球虫免疫后3~5天内要特别给棚架增加湿度，以确保球虫免疫效果。

3. 光照控制

严格执行育雏期光照计划，调准时间继电器，及时更换坏灯泡，确保光线均匀，强度适宜。一周龄以后免疫时局部换上60瓦灯泡，以保证免疫操作时看得清楚。操作完成后立即换回原灯泡。

4. 通风换气

育雏第1周适当通风换气，间断性换气，在保证温度的前提下通风。当舍外气温接近或超出舍内温度时可短时间打开排风扇换气。如舍内空气过于污浊，可考虑在中、下午间断性（隔20~30分钟）开启排风扇5~10分钟。1周后开始通风，增加开启排风扇数量和时间，但要综合考虑舍内温度、湿度、氨气浓度、空气污浊度，要求低温情况下通风换气时先提高舍内温度。通风不要直接对着鸡群，使用定时控温通风设备要注意调准和检修。

（五）饲喂与饮水管理

按肉用种鸡的标准体重和每周增重的标准值，严格控制鸡只的生长发育。为育成鸡提供充足的饮水位置和采食位置，使其发育均匀一致。

1. 饲喂要点

饲喂时，必须准确称量饲料量，做好记录。饲料的使用本着“先陈后新”的原则，育雏期间应以“少喂，勤添”的原则添加饲料，以刺激雏鸡的食欲，增加采食量，也能减少饲料浪费。每次添料要均匀，每次关灯前应撤出开食盘并清洗干净。注意匀料，让每只鸡有同等的采食时间，才能保证其均匀度。逐渐过渡饲喂用具，包括由开食盘到料桶的转换和到料槽的转换，都要逐渐进行。料线安装时注意料管或料槽平直，不能有弯曲，尤其接头处。

2. 饮水要点

保证鸡只随时能喝上干净的饮水，不能断水。由于育雏舍温度高，水中滋生病原微生物速度快，所以要及时洗刷水槽和更换饮水。每3~4小时更换1次。最好采用双桶操作方式，把脏饮水倒入一个桶，用刷子在第2个盛有消毒溶液的桶内清洗饮水器。在由水槽向乳头式饮水器过渡时要逐渐进行，应有一定的过渡时间。乳头式饮水器滤心要清洗干净，每天进行冲洗1次；乳头饮水器要配备水箱，以防不测。

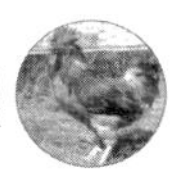

出鸡后应排出水线内的积水，用消毒药水冲清洗水线。

（六）断喙

首次断喙得好坏，直接关系着种鸡以后的生产性能，如对育成期的均匀度和 24 周龄的性成熟均产生影响。按饲养指南一般在 6~10 日龄进行断喙，第 1 次精确断喙质量好，一般可省略第 2 次。断喙越迟，鸡愈合恢复所需时间越长，并且会影响性成熟。第 1 次断喙后，有少数不理想的，可在 10~12 周龄修喙 1 次。断喙技术要点如下。

1. 断喙长短及喙孔大小

上喙切去喙尖到鼻孔的 1/2，下喙切去喙尖到鼻孔的 1/3。一定要把上下喙闭合整齐一起切断。上喙比下喙稍多切除些有助于防止啄癖。断喙过少，喙会重新生长，而断喙过多，则造成无法弥补的终生残废，不能留作种用。断喙孔径有 0.4 厘米及 0.44 厘米两种，一般以 0.44 厘米较适宜。具体要视日龄大小和个体大小而定。

2. 断喙手法

大拇指置于雏鸡头部后面，食指置于颈部下方将其握住。将雏鸡头部略往下倾斜并将其闭合鸡嘴插入断喙孔，食指略向喉后部施加压力使其舌头往后缩。将鸡嘴在刀片上烧烫 2 秒。必要时，尽可能地经常更换刀片，保证连续不断干净利落地断喙。

3. 公雏的断喙和母鸡的修喙

在实际生产中，只需切除公雏的喙尖，以防止其啄羽毛。若切得太多会影响将来的配种能力。在 10~12 周龄对首次断喙不良的鸡离鼻孔 0.6 厘米处修整，下喙较上喙以伸出 0.3 厘米为宜。大鸡修喙时，必须用手指压住喉部使舌头后缩以免被烧伤，上下喙分开来切。

4. 刀片温度及烧烙时间

断喙时将断喙器刀片的温度设定在 650℃（刀片呈樱桃红色）。在断下喙后同时烧烙 2 秒，将鸡只放下，如发现喙部有出血现象，应立即再烧烙一下，以免因出血造成雏鸡死亡。

5. 注意事项

断喙前 2 天在饮水和饲料中加入电解质和维生素。断喙后 2~3 天，鸡喙部疼痛不适，采食和饮水都发生困难，应把料槽和水槽中的料和水应加得满一些。如果遇上其他方面的应激，如疾病、连续接种疫苗等，则不应进行断喙。

（七）鸡群的管理

1. 扩栏

随着鸡只日龄的增加，需要我们根据情况及时扩大围栏，采取逐步扩大能使鸡只熟悉环境，增加活动面积，提高鸡只抵抗力，一般到第四周扩大到6~7只/米^2。

2. 下棚架

5周左右撤掉围栏板，引导鸡下棚架。放置好爬梯，使鸡自由上下。引导鸡下棚架之前，设置好每栏之间的隔离网，捡蛋滑车出入部位设可开启的小门，隔网与料、水线交汇处封严，防鸡只出入或夹鸡，混群前先把公鸡移到隔离栏内饲养。

3. 调整鸡群

每天观察鸡群，随时拣出死鸡、残鸡。根据鸡只实际生长发育情况，定期从隔离栏中取出个体较大的鸡只，同时从大群中取出同等数量个体小的鸡放入隔离栏。

4. 报表填写

鸡场的基础记录是由饲养员执行的简单记录，其中包括育雏、育成记录及产蛋记录。内容有：死淘数、饲料消耗数、产蛋量、体重抽测及防病免疫情况等。记录需要真实可靠，每天都要记录，每周结束时应将该周记录交技术员。

三、肉种鸡育成期的饲养管理

育成期的目标：培育出生长发育良好、体重达到标准、体质健壮、体成熟与性成熟高度一致、均匀度达到85%左右、育成率达96%左右的健康鸡群。

（一）环境基本要求及控制要点

1. 温度

育成期的温度为18~21℃，如果舍内温度高于27℃或低于16℃，应人工进行温度调节。高温时可于饮水中加电解多维以减缓热应激。舍内温度超过32℃时应采取降温措施，饮水中加入电解多维、维生素C以缓解热应激；要注意昼夜温差不要过大，最好不要超过3℃。

2. 湿度

育成期舍内空气湿度要求保持在55%~65%，垫料的湿度以25%~40%为最好。常见的问题是空气湿度不足而垫料过湿，应尽最大可能缓解或彻底解决这一问题。可用对空气喷雾消毒（免疫前后只能用清水）的方法增加空气湿度；通过加强通风，加强饮水器具的管理，增加垫料的翻动次数，更换新鲜垫料的方法保证垫料不致过湿。

3. 光照

育成期要严格执行光照程序，不得随意增减光照时间和光照强度；遮黑鸡舍育成过程中至加光前执行8小时光照，光照强度5~10勒克司；根据鸡群的发育情况、营养累积值、换羽等具体情况，在22~23周龄时加光，从8小时一次增加到14小时，光照强度增加到在鸡背高度至少30勒克司，最好达到50勒克司，使用节能灯可达到60勒克司。要保持光照的均匀，损坏的灯泡及时更换，灯泡每周至少擦2次，确保光照效果。

4. 通风

根据舍内温度等具体情况掌握，保证舍内垫料湿度适宜，干燥而不起尘，无明显的氨味、臭味。

（二）提高鸡群的均匀度

1. 要有足够的料位

要求盘式自动料线母鸡12只/盘，公鸡12只/盘。槽式自动料线，母鸡4~20周龄每只鸡12厘米，21~65周龄每只鸡15厘米。

2. 均匀喂料

料机开机后，使饲料尽快布满料盘或料槽，各料箱、辅料箱分料时要均匀，使每个料盘或每段料槽都能分到等量的饲料。每天检查、调整喂料系统，出现问题及时解决。

3. 严格限饲程序

6~12周龄限饲应相对强一些，利于控制体重、提高均匀度。

4. 分栏饲养

将弱小鸡只放在隔离栏内饲养，并根据鸡只实际体重情况加喂15%~30%的饲料。在每周称重后调整一次隔离栏内的鸡，捡出达到标准的鸡只，同时从大群中选出明显低于体重标准的小鸡放入隔离栏。

5. 调整料量

每周按时称重并计算均匀度，根据实际均匀度情况并结合本周料量及饲料用量标准来确定下周饲料供给量。育成期加料波动不要太大，因为本周的饲料变化在 3 周后才能由体增重表现出来，故加料时必须保证有一适当的梯度，避免体重波动，影响鸡正常发育。

6. 减少疫病

加强环境控制，减少疾病的发生。

（三）限制饲喂要点

1. 准确称量

饲喂时，必须准确称量饲料量。

2. 保持料箱和料塔的干净卫生

使用料塔时，最好配备两个料塔。在不影响正常饲料供应时，每周可对其中一个料塔进行清理消毒。链槽式喂料机料箱和转角处每周清理一次，防遗留的饲料霉变。

3. 布料要迅速，喂料要均匀

使用圆桶式（吊桶）喂料器手工喂料时，可使用铰链将料桶提升起来加料，同时将所有料桶放下，这样可获得均匀喂料。使用机械喂料器最基本的要素是将饲料以尽可能快的速度分布到全部饲喂器（最多 5 分钟），保证所有鸡只拥有相同的机会采食。同时，料桶中饲料应提前加好，在开始喂料时，同一栋鸡舍中的所有饲养员应在同一栏的不同位置同时放下料桶，之后再移到下一栏。饲喂过程每隔一段时间匀料一次，以保障鸡只均匀采食。

4. 饲喂设备要安装合理，料位充足

为助于鸡群均匀增长，要提供充足的饲喂面积，使所有鸡只同时吃料，使鸡只在 3 米范围内即可吃到饲料。

5. 饲料线的调整和使用

自动饲料线高度要随时调整，使料盘（槽）沿高度不超过嗉囊的高度为限。

6. 加喂沙砾

从 7 周开始加喂洁净沙砾，以促进鸡只消化。每周给沙砾一次，每次每千只鸡给 4.5 千克，沙砾直径 3~5 毫米，用前用 0.1% 高锰酸

钾消毒水浸泡清洗后取出晾干，用时称量后直接撒在料槽供鸡采食。

7. 先饮水后供料

在限饲日第二天喂料时，应先饮水半小时再喂料，以减少噎死鸡的发生率。

（四）垫料管理

稻壳垫料要求干净，无土块、铁丝、石块等杂物。垫料厚度保持7~10 厘米。要注意保持垫料松散，不潮湿、不结块。除鸡舍正常通风外，每天需翻动垫料 2 次，及时清除潮湿结块的垫料，以免鸡生脚垫、胸囊肿及垫料产生氨气影响鸡群健康。如果垫料过干，引起舍内尘土飞扬时，要给垫料直接洒水加湿。垫料上的鸡毛每两天清扫一次。

（五）腿病控制

肉种鸡腿病主要是创伤引起的葡萄球菌性关节炎。本病始发于 6 周龄，可延续至 20 周龄以上，严重时死淘率可高达 20% 以上，是种鸡育成期主要问题之一。控制方法如下：加强饲养管理，减少应激，消除一切可能发生的外伤因素；加强垫料管理，不能使垫料过湿、板结、过硬或含有尖锐物；严格棚架管理，做到无断裂、无钉尖、无毛刺、保持干燥；随时调整料线、水线高度，减少种鸡跨越料线、水线时对趾部的损伤；接种疫苗时，严格消毒注射器、接种针，每 50~100 只鸡更换一个针头，严禁一个针头接种到底；严格执行鸡场兽医卫生制度；选择适宜的药物预防与治疗，严格执行药物预防程序。

（六）称重

称重是了解鸡群体重唯一有效的办法。抽样结果要与品种标准体重比较，然后调整饲喂量和制订换料时间，使鸡群始终处于适宜的体重范围。

1. 称重时间

育成期每周至少称重一次，并且要在每周同一天的同一个时间称重。可以选择在早上喂料之前，也可以在下午晚些时间进行。

2. 称重样本

取样要有代表性，圈鸡前在鸡舍内来回走动，使靠墙边的鸡只活动并离开墙角，以便使鸡群抽样更为准确，不要只称取鸡舍角落或料箱周围的鸡只。所有捕捉围栏内的鸡只都要称重，切勿舍弃其中任何太大或太小的鸡只。

3. 称重秤

使用最小刻度不超过 20 克的秤来称取体重。最好使用便于保定鸡只的秤，如带称重漏斗的秤。

4. 称重围栏

用于捕捉鸡只的围栏应轻便、牢固、便于携带，且不易伤鸡。每栏以捕捉 50~100 只为宜。

5. 抽样比例

根据鸡群规模，抽取 5%~10% 的母鸡和 10% 的公鸡进行称重。鸡群规模较小时，需要增大抽样比例来确保精确的平均重量。抽样数目最小不得低于 50 只。

6. 数据处理

如实、准确填写称重报表，计算平均重和均匀度。鸡群抽样称重记录见表 4–11。

表 4–11　鸡群抽样称重记录

场名______ 群号______ 栋号______ 品种______ 周龄______

	一		二		三		四		五		六		七	
1														
2														
3														
4														
5														
6														
7														
8														
9														
…														
…														
30														
总重														

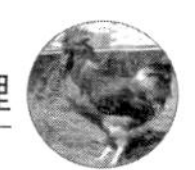

（续表）

	一		二		三		四		五		六		七	
平均体重														

（七）育成后期的准备

在育成后期，为了顺利迎接产蛋期的到来，使种鸡开产有一个良好的开端，除在饲喂程序、免疫用药程序、光照程序等各方面进行相应调整外，还要做好下列工作。

1. 安装产蛋箱

在第18周时把产蛋箱一端放在棚架边缘上面40厘米处（约一个半产蛋窝），另一端用钢丝绳或8号铁丝吊起。产蛋箱排放均匀，安置平稳，将消毒好的塑胶垫放入产蛋窝内。从本周起，每天训练鸡只进出产蛋箱。方法是早上上班后打开产蛋箱门，傍晚下班前将产蛋箱内的鸡只赶出并关闭产蛋箱的门，防止母鸡在窝内过夜。每周清理塑胶垫上的粪便1次。

2. 加强管理，减少应激

在20~24周时，由于增加光照、疫苗接种、抗体监测采血及淘汰不良鸡只，加上修喙、清点鸡数等工作，给鸡群造成极大应激，因此在本阶段对环境控制和管理操作都要十分精心，尽量减少应激。

四、肉种鸡产蛋期的饲养管理

产蛋期主要的管理目标是：生产出数量多、质优的种蛋，每套父母代肉用种鸡产合格种蛋不应少于160枚、平均受精率不低于90%，种鸡群体质健壮，月死淘率不超过1%。在保证以上指标的同时，应采取有效措施（减少饲料浪费等）降低种蛋成本。

（一）产蛋箱的管理

1. 安装时间

在分段式饲养的鸡舍，产蛋箱应在鸡群从育成舍转入产蛋舍之前安装；在全进全出式饲养的鸡舍，一般在22周龄安装产蛋箱。

2. 安装要求

蛋箱的高度应该要适宜，既便于种母鸡进出产蛋窝，又不易被地面垫料所污染，同时，还能为种母鸡提供一个躲避种公鸡骚扰的产蛋场所。一般最底层产蛋箱的进出踏板距垫料高度不应超过45厘米。底层踏板和第二层踏板的间距不应少于15厘米。

3. 安装数量

鸡场产蛋箱的数量应按开产时种母鸡的实际存栏量，以及每个产蛋窝最多供给4只种母鸡使用为基础进行计算。产蛋窝不足，将会使地面蛋、脏蛋或窝内破损蛋增多。

4. 蛋窝垫料

垫料是根据传统产蛋鸡的习性布置的，为了不伤鸡蛋，应尽量使用洁净、卫生、优质的产蛋箱垫料。通常建议使用烘干的松木刨花，主要是因为刨花质地松软且对昆虫、细菌和霉菌具有一定的天然抵御性。此外，还应做好刨花的生产和运输过程中的监测工作，以确保刨花未受到有害物质、霉菌和昆虫的污染。将场内存放的刨花进行遮盖，以确保刨花始终保持洁净、干燥和卫生。切记不要露天贮放垫料。

5. 产蛋箱的使用

至少在见蛋前一周，打开产蛋箱上一层产蛋窝；见到第一个种蛋时，打开下一层产蛋窝。见到第一个种蛋以后，将5~7天之内所有产的蛋都放入产蛋箱，吸引母鸡进入产蛋窝。要确保在喷雾降温系统工作时，雾滴不会飘入产蛋箱；同时雾滴不可过大，否则会弄湿地面垫料。最后一次拣蛋之后，赶出所有母鸡并关闭产蛋箱，防止鸡只趴窝，弄脏产蛋箱垫料。第二天开灯前将产蛋箱打开，以便早产的鸡只可以进入产蛋。

6. 地面蛋

每小时要在鸡舍内来回走动，驱动所有鸡只远离墙边和角落。每小时要将蛋车通过鸡舍中央，用小旗将鸡只从产蛋箱下赶出。整个生产周期每小时都要拣出窝外蛋。保持地面清洁干燥，可避免种母鸡将粪便和污物带入产蛋箱。

7. 机械式产蛋箱训练方法

鸡只转群后前3~5天将产蛋箱提升至2米高处，使鸡只便于从地

面到棚架上采食饮水。产蛋箱落下后，在通常收集种蛋的时间使集卵带每天至少全线运转 4 次，使鸡群熟悉该系统。鸡只吃完料后，在地面上来回走动将鸡只赶到棚架上。要避免在棚架上走动，防止鸡只用产蛋箱时受到干扰。下午每小时都要在地面上来回走动一次。

（二）种蛋的管理

1. 种蛋收集

收集和包装种蛋的人员应经常清洗和消毒双手。每天至少收集 4 次种蛋，收集种蛋的时间应符合鸡群产蛋的模式。

前两次收集种蛋，其中每一次应收集当天总产蛋量的 30%~35%，后两次收集种蛋，其中每一次应收集大约当天总产蛋量的 15%~20%。如果一次收集种蛋的比例超过 35%，脏蛋和破蛋的数量就会较高。在场内运输种蛋时，要遮盖运蛋车防止灰尘落到种蛋上。

收集种蛋时要按类型分开：地面蛋、窝内蛋、小型蛋、双黄蛋、脏蛋和破蛋，便于当日记录。

最好入孵产于产蛋箱内的种蛋。如果某些种蛋上粘有一些脏物，有些生产者会刮掉脏物仍然入孵。蛋上脏物可用塑料或木质刮板，或用大拇指甲刮掉。最不建议使用的方法就是用砂纸擦。砂纸会破坏种蛋的蛋壳膜，并将污垢压入蛋壳的蛋孔中，使孵化过程中导致爆蛋增加污染程度。确保在远离干净种蛋的地方清理脏蛋，防止交叉污染。将干净种蛋与经处理的脏蛋分开储存并在分别的孵化器中入孵。

不同的生产场对蛋重有不同的要求。当雏鸡外销时，客户会要求雏鸡重高于 38 克。蛋重最少要求为 55 克。一条龙企业中，小鸡可以分开饲养，多护理并多养 1~2 天。重量小于 48 克的种蛋可以入孵，48 克种蛋孵出的雏鸡大约体重为 33 克。

2. 种蛋挑选

母鸡并非总是生产合格种蛋。因此生产者应挑选出不合格的种蛋，将其与准备入孵的合格种蛋分开。

生产者必须根据外壳质量、形状、大小、颜色和洁净程度挑选种蛋。具有某些性质的种蛋会导致孵化率下降的原因尚不清楚，有可能原因在于蛋壳气体交换的改变或 pH 值的改变。由于蛋壳结构不同种蛋失水不同似乎不是什么问题。重要因素在于要淘汰那些破裂、薄壳、异形、丘疹状和脏污的蛋只。每个孵化厅必须根据这些基本要求制定自己的标准。

种蛋挑选过程决定出雏整齐和雏鸡的脱水程度，直接影响着雏鸡的质量。坚持一贯的种蛋挑选工作是保证质量的重要因素。

3. 种蛋消毒

选好的种蛋立即放入熏蒸箱内，用福尔马林熏蒸消毒。熏蒸箱封闭要严，用一个小铁盆或盘先放入高锰酸钾 12.5 克，再倒入福尔马林 25 毫升（每立方米的用量），立即将药推入熏蒸箱底部，20 分钟后打开箱门，自动排风。

4. 种蛋贮存

熏蒸后的种蛋尽快送入蛋库贮存。蛋库要求温度 15~18℃，相对湿度 75%~80%，库内清洁卫生，空气新鲜，地面定期用消毒水清洗消毒，除工作人员外，闲杂人员不得入内。

（三）饲喂种公鸡

培育优秀的种公鸡，就是要把种公鸡培育成腿长、胸平、睾丸发育良好、体重比母鸡重 30% 左右、行动时龙骨与地面呈 45° 角的健壮公鸡。为此，要做好以下工作。

1. 确保各阶段的增重达标

（1）育雏阶段（0~6 周龄） 育雏阶段是羽毛、骨骼、心血管系统和免疫系统等的关键发育期。发育得好坏直接决定种公鸡生产性能的高低。1~7 日龄要确保种公雏饲养环境适宜，保证其迅速增长。采用自由采食的饲喂方式，通过光照时间的调节和饲喂次数的调整来刺激其提高采食量，确保 1 周末体重达到标准体重或者超出标准体重。2~4 周龄要根据实际情况调整饲喂方案，4 周末体重必须超出标准 50~100 克。如果 4 周末体重不达标，会造成早期骨架发育不良，胫骨短小，将影响种公鸡的交配繁殖。如果 4 周末体重超出太多，会造成限饲阶段营养不足，导致性器官发育不良，影响交配。建议前两周采用颗粒破碎料，培育早期食欲，3~5 周采用育雏颗粒料，并根据体重实际增长情况确定饲喂量和过渡为育成料的时间。

（2）育成阶段（7~20 周龄） 5 周龄左右的种公鸡 50% 的骨骼发育完成，15 周龄左右 90% 的骨骼发育结束，所以 5~15 周体重要按标

准体重走，超重的、体重较轻的都要拉回标准曲线。16~22 周龄为睾丸快速发育时期，不管 16 周龄以前体重大小都要保证周增重达标，否则影响睾丸发育，从而影响受精率。15 周龄时若鸡群体重超出标准体重 5%，则要重新绘制平行于标准曲线的新体重曲线。

（3）混群和产蛋阶段（21 周龄到产蛋结束）　混群从 21 周龄开始进行，混群后要防止种公鸡超重或增重不足，尤其是混群后 2~3 天要严格公母分饲，确保种公鸡体重的增长，且要管理好种公鸡的等级制度，严防偷吃母鸡料。

加光后 2~3 周是种公鸡睾丸快速发育的重要阶段，即使鸡群超重也不能把体重拉回标准体重，否则会造成种公鸡睾丸机能完全停止。据相关试验数据表明，在 18~23 周龄提高限饲强度会影响精子的形成。过度饲喂会造成 45 周龄以后受精率下降并低于标准值。

25~35 周龄必须每周称重 1 次或 2 次，抽样比例不得低于 10%，否则会误导种鸡场管理人员对种公鸡饲喂量的调整。28 周龄以后种公鸡增重应保持在 30 克左右，保持与标准体重一致。整个饲养周期，种公鸡饲喂量要持续增加。30 周龄后可以增加少量的饲料，切忌因体重过大而减少饲喂量，导致营养不足而影响受精率。

2. 关注种公鸡睾丸发育状况

睾丸的大小、重量与种公鸡精子、精液的数量和质量有着直接联系。种公鸡 15 周龄以内睾丸发育较慢，由原来的几毫克增加到 80 毫克，主要是精原细胞的发育。精原细胞不仅提供精子生长发育的营养，而且其数量的多少直接决定着睾丸产生精子能力的高低。该时期尽可能避免出现影响种公鸡生长发育的各种应激，防止种公鸡发育不良。15 周龄之后睾丸开始快速发育，加光刺激 3 周后睾丸重量增加更明显，可达 12~22 克。18~25 周龄尤要避免热应激，防止睾丸发育不良、精液质量受损，进而影响后期的受精率。28~35 周龄睾丸重量和精液数量达到最大值，35 周龄发育良好的种公鸡睾丸重量可达 45 克左右，睾丸上有良好的血管分布和健康的色泽，输精管发育良好。从 36 周龄开始种公鸡的睾丸开始退化，精液的数量和质量也逐步下降，受精率也有所降低。因此，36 周龄后到产蛋结束，要频繁检查种公鸡的体况和增重情况，增重良好有利于减缓高峰过后受精率下降过快；有失重现象产生，应及时增加喂料量。若种公鸡5周内失重达100克，精液的精子数量、质量会下降明显；失重达500克以上，精子生产停滞，因此应重视种公鸡增重，从早期饲养开始贯穿于整个饲养周期。

3. 保证良好的饲养管理

（1）断喙　为了防止种公鸡相互啄斗、饲料浪费和混群后交配时对母鸡造成伤害，须精准地对种公鸡进行断喙。通常在5~7日龄由技术娴熟、有责任心的员工完成。断喙不好影响饲料消耗，容易发生啄蛋和影响受精率。断喙过晚，喙发育成熟，难度加大，应激加大。

（2）控制均匀度　种公鸡的均匀度广义上包括体重、体况（胸肌形状、丰满程度、骨架大小）、体型和性发育的控制。为了保证种公鸡的骨架发育一致，要从育雏开始重视其发育情况。均匀度育雏阶段不低于90%，育成阶段保持在75%以上。均匀度的控制要注重料位、水位的管理，适宜的饲喂方式和合理密度等方面。

在种公鸡饲养过程中，要保证鸡群拥有合理的料位和水位，尤其在平养时育雏第一周是人工喂料、自由采食，这就要求工人喂料要均匀且同时给料，保证鸡群采食时间和采食量相同，从而同步发育。在采用限饲之后，布料速度要快且均匀。不管是槽式料线还是盘式料线都要根据鸡群生长情况及时调整料位，可参考表4-12。水位调整可参考表4-13。

表4-12　种公鸡料位调整方案

种公鸡周龄	槽式料线（厘米）	盘式料线（厘米）
0~5	5	5
6~10	10	9
11~20	15	11
2周龄以后	20	13

表4-13　种公鸡水位的调整方案

种公鸡周龄	乳头饮水器（只/个）	钟形饮水器（厘米）
0~15	5	1.5
产蛋以后	10	2.5

在整个饲养周期，必须为种公鸡提供合适的饲喂面积，这样才能获得最佳的生产性能和福利。平养种公鸡时，6周龄以前种公鸡饲养密度以4只/米^{2}为最佳，每栏鸡不超过500只；6~20周龄以3.5只/米^{2}为最佳；20周龄以后以3只/米^{2}为宜，每栏鸡不超过300只，否则密度较大、饲喂面积较小，再加上限饲会影响部分种公鸡采食，进而影响其生产性能。

（3）公鸡的选种和混群后的公母比例调整

① 公鸡的选种。及时淘汰不合格的种公鸡，可节省部分饲养成本。公鸡选种一般分3次进行：第一次选种比例为14%~14.5%，首先整体评估断喙的效果，淘汰喙、趾、脚垫、胫骨、胸、背、眼等质量性状不合格和出现外伤、腹泻的公鸡，同时确定种公鸡的体重范围，淘汰体重较大和体重较小的鸡只，留下的公鸡体重不超出和不低于标准各50克；第二次选种在21~22周龄进行，选留比例为13%，检测胫骨长度，胫骨不达标者一律淘汰出群，选留的公鸡要保证单栋体重差异控制在250克以内；第三次选种在24周末进行，选留比例大公鸡11%、小公鸡12%，根据光照刺激的反应情况（鸡冠、肉髯变化程度）淘汰多余的公鸡。

② 适宜的公母比例。公母混群一般从21周龄开始，种公鸡占比为11%（剩下的备用）。公母混群时要保证种公、母鸡都达到性成熟，没有达到性成熟的种公鸡绝不能与性成熟的种母鸡进行混群。如果种公鸡性成熟早于种母鸡，就应先按5%~6%的比例混群，再逐步将种公鸡与种母鸡混群，直至达到要求的公母比例，否则种公鸡之间会相互攻击，死淘率增高，影响受精率。

（4）注重种公鸡的营养管理　营养供应是种公鸡发挥最佳生产性能的物质基础。育雏期要饲喂营养全价的肉种鸡育雏颗粒破碎料，不建议使用肉鸡1号料，4~6周龄体重达标后逐步过渡到育成料。产蛋期，种公鸡的营养需要比种母鸡低，不宜饲喂过多粗蛋白质和氨基酸，否则会导致鸡群受精率下降，也会造成种公鸡胸肌过大和体型、体况、体重不好控制，建议采用分饲饲喂系统，可避免因偷吃含钙高的母鸡料后，精子发生钙化、受损或死亡。

第七节　观察鸡群，应对管理

日常管理中加强鸡群巡视，观察鸡群状况，可以随时发现饲养环境中存在的问题，改善鸡舍小环境；通过及时了解鸡群生长发育情况，便于对疾病采取预防和治疗措施，降低损失；通过对鸡只个体单独的管理，减少个体死亡，提高成活率。

一、观察鸡群的原则和方法

动用自己所有的感官，甚至在进入鸡舍前，就应该轻声来到鸡舍门外，静静地停留一会儿，仔细听听鸡群发出的声音有无异常。

定期进入鸡舍进行静止观察，不要在鸡舍内来回走动。进入鸡舍以后，不要急着开灯，以免给鸡造成应激。可以在鸡舍里安静地观察15分钟，也可以搬把椅子坐在鸡舍里，仔细观察鸡群的活动状况，并且定期重复观察。只有这样，才能捕捉到鸡群的真实情况，特别是异常行为表现。通过嗅觉了解鸡舍内的通风情况；用眼睛观察和耳朵倾听，了解鸡群是否活跃，对您进入鸡舍的反应与以前有何不同；还要去感知鸡舍内的温度是否适宜，所有的异常现象都需要给予关注。如果鸡群在过去一天没有采食饲料，会发出一种特殊的气味。

观察鸡群可以实行边工作边观察与专门观察相结合。可以在清扫过道、添加饲料、检查水线等过程中，对鸡群进行观察和巡检。为了更准确地得到鸡群的实情，最好能安排专门的时间进行这种全神贯注的观察和巡检，而不是在操作其他工作的同时进行。

一次完整的巡查，必须走遍整个鸡舍，而不是仅仅停留在鸡舍前部或仅仅巡检一个过道。巡检、观察时，不可仅仅停留在观察鸡的行为上，还要注意检查水线、料线的工作运行状况。要观察鸡舍前后左右每一个角落，同时不要忘记看看鸡舍顶棚。

鸡舍巡查要遵循先群体，再个体、再群体的原则和顺序。先从鸡群整体观察开始，看鸡群是否在地面（地面厚垫料平养）、网床（网上饲养）、笼舍（笼养）上均匀分布，鸡群是否特别偏好聚集在鸡舍某个

特定区域，或是由于鸡舍气候恶劣（如过于干燥或寒冷等）而避免到某个区域去。尝试发现鸡与鸡之间的不同，观察鸡群的整齐度，了解为什么会发生鸡群个体之间的差异。抓出那些看上去比较特别的鸡只个体，进行近距离观察。如果发现有异常，要确定是由偶发因素造成的，还是一个潜在的重大问题的前兆。平时还要随机抓出一些鸡只个体进行观察和评估。对一些个体的观察，还需要把它放到鸡群的大背景下进行评估。因此，鸡群观察的顺序是先整体后个体，再从个体到整体。

观察鸡群，注意发现普遍的规律和现象，同时找出极端的现象。对观察到的情况，要及时进行汇总、思考，多问问自己：看到、听到、闻到、感觉到什么了？意味着什么？为什么会发生这些现象？如何解释？如何应对？对这些情况置之不理还是需要立即采取行动？

要经常提醒自己，观察到的这些情况与环境有关系吗？这种情况经常发生吗？发生的时间？易发的鸡群？其他鸡场有类似情况发生吗？

二、群体观察与应对管理

一个运营良好的鸡场，一定要定期巡查鸡舍周边环境状况，以确认可能存在的问题及改进策略。进入鸡舍前，应抓住重点，先从鸡舍外部进行巡查。

进入鸡舍前，先知道本栋鸡舍的有关重要数据，如存栏量、日龄、免疫情况等。

在鸡舍外留出至少 2 米的开放地带，便于防鼠，因为鼠类一般不会穿越如此宽的空间。不能无限度地扩大两栋鸡舍间的植物绿化带，鸡舍周围不种植植被或只种植低矮的草，这样可以确保老鼠无处藏身。同时需要保持鸡舍周边环境干净整洁，无杂物存放，无垃圾堆积。

鸡舍入口要有恰当的消毒措施。进入鸡舍，必须经过消毒池或消毒脚垫，同时要确保消毒池内有足够的消毒液，消毒脚垫始终是湿润的，更不能绕开消毒池或消毒脚垫进入鸡舍，否则会造成污染。

灰尘对鸡对人都有害。灰尘颗粒吸入肺中，如果再同时吸入氨气，将会破坏黏膜系统，增加呼吸道病感染的机会，尤以灰尘浓度高、颗粒小时更甚。没有一个鸡舍内部是一尘不染的，垫料、饲料、羽毛、

粪便都会最终变成灰尘颗粒飘浮在鸡舍空气中。因此，永远不要低估了灰尘对人的健康可能造成的危害，进入鸡舍一定要戴好口罩。

推开鸡舍门，迎面扑来一股氨气味道，可能使您感觉刺鼻，眼睛睁不开。这说明，鸡舍内氨气浓度已经非常高了。空气中氨气浓度过高，会使鸡感觉痛苦，更会影响鸡的黏膜系统，使鸡对疫病更加易感。氨气浓度如果超过 20 毫克 / 米^3，人就可以闻到，而鸡舍内的其他气体如氧气、二氧化碳、一氧化碳等均无臭无味，人的感官不能察觉。如果浓度过高，对鸡对人均有害。鸡舍内各种气体的浓度标准见表 4–14。

表 4–14　鸡舍内各种气体的浓度标准

气体	标准水平
氧气	>21%
二氧化碳	<0.2%（2000 毫克 / 米^3）
一氧化碳	<0.01%（100 毫克 / 米^3）（最好是 0）
氨气	<0.002%（20 毫克 / 米^3）
硫化氢	<0.002%（20 毫克 / 米^3）
相对湿度	60%~70%

当走过鸡群时，观察鸡群是否有足够的好奇心，是平静还是躁动，是否全部站立起来，并发出叫声，眼睛看着你。那些不能站立的鸡可能就是弱鸡，要拣出来单独饲养。

鸡会花大量的时间去觅食。在自然环境中，鸡会花一半的时间觅食和挖刨，即使是在人工饲养的条件下，仍然喜欢挖刨，包括在饲料中挖刨。因此，观察鸡群时，要注意查看鸡群的采食情况，看是否有勾料（把料桶内的饲料勾到地上）、挑食等行为。勾料是球虫、肠炎、肠毒综合征等疾病的表现。造成鸡挑食的原因有很多种，但多数是和应激密切相关。由于在育雏期都是以颗粒料进行饲喂的，对颗粒饲料有很强的依赖性，适口性非常的强，所以当鸡群忽然更换到粉料的状态，会造成很大的应激，造成挑食现象。避免这种情况的措施主要是通过控制饲料的粒度来调节，玉米的粒度不要太大，要随着日龄的增

加而增大，豆粕除非特别大的团块，一般都不需要再进行粉碎操作。另外，提高饲料制作过程中的均匀度，使细碎的预混料能够均匀地附着于各种原料的表面，也可以通过油脂的喷雾加强预混料的均匀分布。

在地面平养系统中，为了满足鸡的挖刨行为，要保持垫料的疏松和干燥，也可以在鸡舍一角放置大捆的稻草或苜蓿草。这样可以减少鸡之间相互捉拉羽毛的倾向。但前提是，要确保稻草和苜蓿草是干燥的，没有霉变。

鸡通过吮羽保持其羽毛处于良好状态。吮毛是将鸡尾羽腺分泌的脂肪涂布到羽毛上的过程。早晨，鸡睡觉醒来就会出现吮羽现象。如果鸡群中出现啄羽现象，通常会发生在下午。因此，下午是一天中最重要的观察时刻，为避免发生过多的啄羽，可以在下午给鸡群一些玩具或能分散鸡群注意力的其他活动。

鸡没有汗腺，当环境温度过高，它感到太热的时候，就会张嘴喘气，以蒸发散热的方式排出多余的热量。同时，它会展开翅膀甚至羽毛，尽量增加身体接触通风的面积，最大程度地排出热量。如果发现整个鸡群有这种行为，那就表明鸡舍内温度过高，要设法缓慢降温，使鸡舍保持适宜的鸡体感温度。

通风不仅仅是将新鲜空气送入鸡舍，也能调整鸡舍内空气组成。如果您有多栋鸡舍，可能会发现每栋鸡舍里鸡只的行为都不尽相同，这就可能是由于鸡舍内的小气候不同造成的。应立即派人入舍检测，并想法提高鸡舍的通风质量。

灰尘和污垢堵塞进风口和通风管道，造成通风量减少，从而使得鸡舍内温度升高和不必要的能源浪费。

夏季，借助鸡舍喷雾降温或带鸡消毒，可以有效降低舍内粉尘浓度，改善鸡舍小环境。

无限度增加饲养密度的现象往往出现在育雏期，对肉鸡的均衡发育影响很大，因为增加饲养密度时，其料位与水位会明显不足，这样一些肉鸡因采食与饮水不足慢慢被淘汰。

观察刚做过免疫的雏鸡就会发现，由于过分拥挤，密度过大，造成雏鸡张口呼吸，这对雏鸡来讲是一种巨大的不良应激反应。

图 4–28 进入舍内发现这种现象：应考虑鸡群已经处于严重的不

适状态，应立即提高舍内温度，驱散集堆鸡群。同时找出不适的原因到底是什么？有可能的原因是：疫病、大的应激和舍内温度偏低。

图 4-28　鸡群扎堆

如果鸡舍太热，地面平养系统的鸡将会寻找凉快的地方，例如，它们将会依墙扎堆而卧。同时，它们会嘴巴张开，脖子伸长，翅膀伸展，尾巴上下摇动，鸡冠和肉髯呈暗红色，但听不到杂音。当鸡躺在地面，脚后伸和脖子伸长时，有窒息的危险。但是，当鸡感觉冷的时候又会成群扎堆，羽毛蓬松，缩头，看起来像生病的样子。

撒料现象，可能是加料或者清料盘时把料撒到这里了，造成饲料的严重浪费。种鸡饲养中，若是发生在限饲的时候，还极易引起压死鸡现象的发生。

一天或是某个季节，都会存在所谓的高危时段。肉鸡在免疫、转群、换料等时段都是高危时段，这对饲养管理者来说也是一个挑战时段。要确保在这些时段，把风险降到最低。此外，夏季天热易受热应激而中暑，要保证密度不要过大。在平养系统中，如果发现鸡群总是不断地向鸡舍前端跑去，那就是饲养密度过大的表现。冬季天冷通风往往不能达到最低通风量标准。如果是用地面平养系统，一个重要的工作就是在冬季尽力保持鸡舍内的气候环境对鸡适宜，而非对饲养管理者或养殖场主本人适宜。

图 4-29 进入鸡舍，如果发现鸡群总是避免聚集在某个区域，或

是在某个区域扎堆，这可能是因为空气流动不畅造成的。而鸡舍内空气流动不畅往往是由鸡舍空间太小和内部的遮挡物太多造成。空气不能良好流动是由于鸡舍太矮，造成空气流动被阻隔，出现鸡舍中间部分没有空气流动。

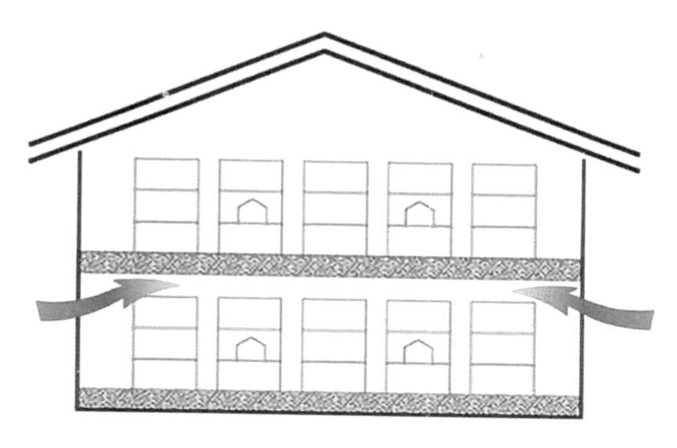

图 4-29 进入鸡舍

图 4-30 改进：鸡笼（网架）以上的空间较大，可以保证空气流动到鸡舍中间部分。鸡舍内基本没有空气流动不畅的区域。为了更加保险，也可以用管道连接顶棚，直接将空气引入鸡舍中间。

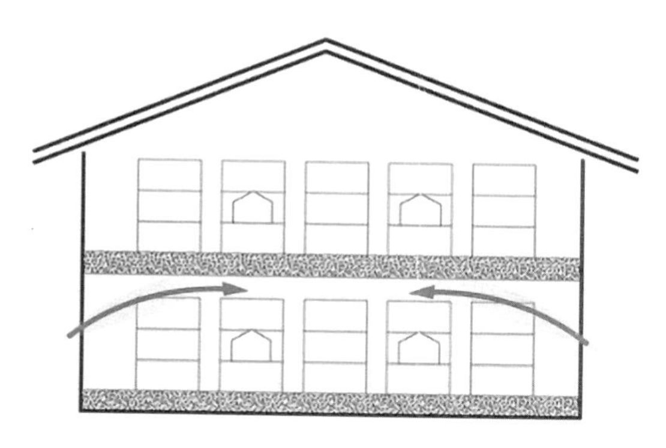

图 4-30 改进

表 4–15　饲养日志记录

舍名：　　　饲养员：　　　　　第　　周　　本周舍内湿度：

日期	日龄	舍温℃	采食量、饮水量		日采食总量	死亡数		日死亡总数
			白天	夜间		白天	夜间	
	1	34.0						
	2	33.5						
	3	33.0						
	4	32.5						
	5	32.0						
	6	31.5						
	7	31.5						
每日按照表格温度合理降温，按时如实填写，不得丢失								

要及时、全面记录观察收集到或了解到的鸡群相关信息，完整填写表 4–15，防止事后遗忘。记录内容还包括许多生产数据，如饲料、饮水消耗量、舍内温度变化情况、免疫及投药等情况。使用您所收集的信息，在每天的同一个时间段进行数据和信息的采集，可以立刻发现两天的差别。比如饮水量、饲料采食量的大幅改变，首先意味着鸡群出现了健康问题，也可能是料线或水线出现了机械故障。这些情况也可以结合巡视中观察到的鸡群状况，对鸡群进行综合、全面的评定。

健康的肉鸡，皮肤红润，羽毛顺滑、干净、有光泽。如果羽毛生长不良，可能舍内温度过高；如果全身羽毛污秽或胸部羽毛脱落，表明鸡舍湿度过大；如果乍毛、暗淡没有光泽，多为发烧，是重大疫病的前兆。

如果鸡舍内湿度过大，易于发生腿病、脚垫；鸡爪干瘦，多由脱水所致，如白痢、肾传支等；如果舍内温度过高，湿度过小，易引起脚爪干裂等。

鸡有 3 种不同种类的粪便：小肠粪、盲肠粪、肾脏分泌的尿酸盐。

小肠粪：比较干燥成形，上面覆盖着一层白色的尿酸盐，呈“逗号”状，捡起来放在手中可以滚动。如果不能滚动，可能是鸡感觉寒冷，有病，或是饲料有问题。

盲肠粪：一般呈深褐色，黏稠、湿润、有光泽，不太稀薄，多在

早晨排泄。如果盲肠粪的颜色变浅，说明消化不好，还有大量的营养成分滞留在小肠末端。这样可以造成营养成分在盲肠中发酵，使得盲肠粪变得过于稀薄。

肾脏分泌的尿酸盐：不同于哺乳动物，鸡没有膀胱，所以不排尿，但是可以把尿液转变为尿酸结晶，沉积在粪便表面形成一层白色物。

三、个体观察与应对管理

鸡群里总会有一些高危鸡只，如发育迟缓的鸡。它们是疫病、缺水、缺料等问题出现时的第一批受害者。同时，它们也是第一个向饲养员发出信号的鸡只，告诉饲养员饲养管理中存在的失误和不足。高危鸡不仅仅是弱鸡，也包括那些在行为上可以在鸡群中制造麻烦的鸡，它们不是受害者而是施害者。思考那些在特定环境鸡场里发现的高危鸡和所产生的问题，并找到应对的措施。

正常的鸡在站立时总是挺拔的。若鸡站立时呈蜷缩状，则体况不佳；一只脚站立时间较长，可能是胃疼，多见于肠炎、腺胃炎等疾病；跗关节着地，第一征兆就是发生了腿病（如钙缺乏）。

如果鸡的羽毛湿润污秽，可以提示饲养员垫料过于潮湿。潮湿的垫料不仅会升高鸡舍内氨气的浓度，还会造成鸡的消化问题，以及发生球虫病，并可能引发肉鸡的脚垫，造成瘸腿。应通过良好的通风，排出鸡舍内的潮湿空气，保持垫料干燥。在饲料中增加纤维素含量，使得鸡粪变得干燥些；检查饮水系统，防止漏水造成垫料潮湿。另外，可以在垫料上撒一些谷物，在鸡刨食的过程中，翻动垫料，使其变得蓬松些。

鸡群里有打盹的鸡，看上去缩头缩脑，反应迟钝，不愿走动，不理不睬，闭目呆立，眼睛无神，尾巴下垂，行动迟缓，一旦发生疫病，这种类型的鸡将是第一批受害者。

体况良好的鸡，鸡冠直立、肉髯鲜红，大鸡冠向一边倒垂，是正常现象。鸡冠发白，常见于内脏器官出血、寄生虫病、营养不良或慢性病的后期等情况；鸡冠发绀，常见于慢性疾病、禽霍乱、传染性喉气管炎等；鸡冠发黑发紫，应考虑鸡新城疫、鸡霍乱、鸡盲肠肝炎、中毒等；肉髯水肿，多见于慢性霍乱和传染性鼻炎，传染性鼻炎一般两侧肉髯均肿大，慢性禽霍乱有时只有一侧肿大。

观察羽毛颜色和光泽，看是否丰满整洁，是否有过多的羽毛断折和脱落，是否有局部或全身的脱毛或无毛，肛门附近羽毛是否被粪便污染等。

观察脚垫，脚垫上出现红肿或有伤疤和结痂，是垫料太潮湿和有尖锐物的结果。健康的脚垫应该是平滑的，有光泽的鱼鳞状。如果鳞片干燥，说明有脱水问题。脚垫和脚趾应无外伤。

生长期，肉鸡的胸肉发育不完全，摸上去很有骨感，甚至龙骨非常突出。但是到了育肥期以后胸肉快速发育，变得丰满起来，同时腹部开始发育。如果育肥期龙骨上附着的鸡肉仍不够丰满，意味着饲料中蛋白不足，要注意调整饲料。

个体观察中，如果发现鸡群中有鸡发出不正常的声音，要观察这些鸡是否有流鼻涕，喉咙中是否有黏液，或是其他有炎症发生的现象。

鸡可以用喙来接触分辨出一些相对的感觉，如感觉硬和软、热和冷，光滑和粗糙，以及痛觉。快大型商品肉鸡因为生长时间短，一般管理中不用断喙，但为了防止发生啄癖，肉种鸡和优质肉鸡需要断喙。

断喙可以有效地防止啄癖的发生。鸡只在10日龄左右断喙一次，鸡喙断取上1/2，下1/3，在110日龄左右再补断一次。

断喙会给鸡造成极大的痛苦。为了减轻鸡的痛苦，可以给优质鸡带眼罩，防止发生啄癖。

鸡眼罩又叫鸡眼镜，是佩戴在鸡的头部遮挡鸡眼正常平视光线的特殊材料。使鸡不能正常平视，只能斜视和看下方，防止饲养在一起的鸡群相互打架，相互啄毛、啄肛、啄趾、啄蛋等，降低死亡率，提高养殖效益。您也可以让鸡戴着眼镜出售，这样就出现了一种新型的眼镜鸡，售价相对就可以提高很多。

当肉鸡体重达500克以后，就开始佩戴鸡眼罩至上市。把鸡固定好，先用一个牙签或金属细针在鸡的鼻孔里用力扎一下并穿透，如有少量出血，可用酒精棉擦拭。左手抓住鸡眼镜突出部分向上，插件先插入鸡眼镜右孔后对准鸡鼻孔，右手用力穿过鸡鼻孔，最后插入镜片左眼，整个安装过程完毕。

第八节　肉鸡的出栏管理

一、制定好出栏计划，果断出栏

（一）根据鸡只日龄，结合鸡群健康状况和市场行情，制定好出栏计划

行情好、雏鸡价格高、鸡只健康、采食量正常，可推迟出栏时间、争取卖大鸡；行情不好，鸡只有病，适时卖鸡。

（二）肉鸡出栏要果断

肉鸡的出栏体重是影响肉鸡效益的重要因素之一。确定肉鸡最适宜出栏体重主要是根据肉鸡的生长规律和饲料报酬变化规律，其次要考虑肉鸡售价和饲料成本，并适当兼顾苗鸡价格和鸡群状况等。

根据生产实践中的观察结果发现，运用以下三个公式在生产中进行测算，能够帮助广大养殖户更好地解决这一问题。

1. 肉鸡保本价格

又称盈亏临界价格，即能保住成本出售肉鸡的价格。

保本价格（元 / 千克）= 本批肉鸡饲料费用（元）÷ 饲料费用占总成本的比率 ÷ 出售总体重（千克）

公式中“出售总体重”可先抽样称体重，算出每只鸡的平均体重，然后乘以实际存栏鸡数即可。计算出的保本价格就是实际成本。所以，在肉鸡上市前可预估按当前市场价格出售的本批肉鸡是否有利可图。如果市场价格高出算出的成本价格，说明可以盈利；相反就会亏损，需要继续饲养或采取其他对策。

2. 上市肉鸡的保本体重

是指在活鸡售价一定的情况下，为实现不亏损必须达到的肉鸡上市体重。

上市肉鸡保本体重（千克）= 平均料价（元 / 千克）× 平均耗料量（千克 / 只）÷ 饲料成本占总成本的比率 ÷ 活鸡售价（元 / 千克）

公式中的“平均料价”是指先算出饲料总费用，再除以总耗料量的所得值，而不能用三种饲料的单价相加再除以三的方法计算，因为这三种料的耗料量不同。此公式表明，若饲养的肉鸡刚好达到保本体重时出栏肉鸡则不亏不盈，必须继续饲养下去，使鸡群的实际体重超过算出的保本体重。

3. 肉鸡保本日增重

肉鸡最终上市的体重是由每天的日增重累积起来的。由每天的日增重带来的收入（简称日收入）与当日的一切费用（简称日成本）之间有一定的变化规律。在肉鸡的生长前期是日收入小于日成本，随着肉鸡日龄增大，逐渐变成日收入大于日成本，日龄继续增大到一定时期，又逐渐变为日收入小于日成本阶段。在生产实践中，当肉鸡的体重达到保本体重时，已处于“日收入大于日成本”阶段，在正常情况下，继续饲养就能盈利，直至利润峰值出现。若此时再继续饲养下去，利润就会逐日减少，甚至出现亏损。特别要注意的是，利润开始减少的时间，就是又进入“日收入小于日成本”阶段了，肉鸡养到此时出售是最合算的。可用下列公式进行计算：

肉鸡保本日增重〔千克 /（只・日）〕= 当日耗料量〔千克 /（只・日）〕× 饲料价格（元 / 千克）÷ 当日饲料费用占日成本的比率 ÷ 活鸡价格（元/ 千克）

经过计算，假如肉鸡的实际日增重大于保本日增重，继续饲养可增加盈利。在正常情况下，肉鸡养到实际体重达到保本体重时，已处于“日收入大于日成本”阶段，继续饲养直至达到利润峰值，此时实际日增重刚好等于保本日增重，养殖户应抓住时机及时出售肉鸡，以求获得最高利润。因为这时已经达到了肉鸡最佳上市时间，如果继续再养下去，总利润就会下降。

二、出栏管理

根据出栏计划，安排好车辆，确定好抓鸡人员和抓鸡时间，灵活安排添料和饮水，尽量减少出栏肉鸡残次品数量。

（一）出栏时机

现在很多大的一条龙企业或行业之间的合作让合同养殖模式已经深入人心，合同养殖自然也就按照合同的约定出栏上市。这是最安全

的养殖模式，尽管没有大的养殖风险，但利润空间也会受到限制。

肉鸡屠宰厂也是企业，在行情下滑的情况下，风险太大也会超过宰杀厂的承受能力，一些违约的事也经常发生，宰杀厂会以停电、设备维修等种种借口而拒收。所以在与宰杀厂签定养殖合同的时候一定要考虑周全，以免对方违约而给自己造成损失。

社会养殖，养殖与出售遵循市场规律，随行就市，风险和机遇并存。

把握好出栏时机。肉鸡在出栏前后几天根据是否发病和死亡率的情况，结合鸡群的采食情况，考察毛鸡的价格走势等因素，决定是否出栏。关键性的几天会带来意想不到的效益，即使合同养殖出栏日期也不是固定的，要有一个范围，在鸡群发病的时候也可以提前出栏才行。

（二）出栏时的注意事项

当养殖顺利的时候，出栏时往往会掉以轻心，当养殖不理想的时候，出栏时往往又垂头丧气，甚至不敢面对。在出栏时要克服不稳定的情绪影响，把握好每一个细节，尽量减少不必要的损失。

先定好出栏时间，再落实抓鸡队伍；落实好屠宰厂车辆到达时间，再落实抓鸡队伍到达时间；拉毛鸡的车到达后，开始按照要求空食（把料线升起来）；空食结束开始抓鸡，同时把水线升起来（断水）；抓鸡要轻，实际上是抱鸡（以免抓断腿和翅膀而影响屠体质量和价格）；轻轻把鸡装进鸡笼；装车时也要轻，避免压死鸡或压坏、压伤鸡头；根据季节和气温决定装鸡的密度，否则会因为高温高密度而闷死鸡；装好后，最好搭好篷布，防雨防晒，冬天保温。

（三）出栏结算

棚前付款，装完车过磅，过完磅付款。

杀胴体，先预付大部分毛鸡款，等杀完胴体以后统一结算。

凡是延期付款的事前都要有销售约定，约定付款期限、超过期限该承担的利息和引起纠纷以后解决的措施。

（四）批次盘点

养殖结束要根据养殖记录和销售结算情况进行批次盘点。

（1）收入　毛鸡、鸡粪、废品。

（2）支出　鸡苗款、饲料款、药费（消毒药、疫苗、抗菌药、抗病毒药、抗寄生虫药、抗体等）、燃料费（煤炭、燃油）、水电费、维修费、垫料款、土地承包费、固定资产折旧、生活费、人工费、低值易耗品费、抓鸡费、检疫费等。

（3）指标　总利润、单只利润（总利润 / 出栏毛只数）、成活率（出栏鸡数 / 进鸡数）、料肉比（饲料消耗 / 出栏毛鸡重量或胴体折合毛鸡重量）、总药费、单只药费（总药费 / 出栏毛鸡数）、单只水电费、单只人工费、单只固定资产折旧费、单只抓鸡费、单只检疫费、单只燃料费等。

重点考察指标：成活率、药费、料肉比、单只出栏重。

（4）建档封存

技能训练

肉种鸡群体重抽测及体重均匀度的计算。

【目的要求】通过对育成鸡抽样、称重、数据整理，能计算鸡群体重均匀度。

【训练条件】笼养或平养的育成鸡群、称鸡台秤、计算器、捕鸡栏网（平养鸡舍使用）。

【操作方法】

1. 抽样称重

抽样必须要有代表性。平养鸡舍应在不同地段抽样，用栏网分4~5组捕捉，凡是进入栏网的鸡都要逐只称重。笼养鸡采用对角线法抽样，从鸡舍两对角线位置上对称抽样5组或9组。抽样数量应为鸡群总数的2%~3%，但不少于50只。抽样的鸡都要逐只称重并做好记录。称重应每1~2周进行一次，每次称重应在早上空腹时进行。

2. 均匀度的计算

把称重结果按大小顺序进行排列，计算出平均体重，再计算出平均体重加减10%的体重范围，然后数出达到平均体重加减10%体重范围内的鸡数，按以下公式计算出鸡群均匀度：

鸡群均匀度 =（处于平均体重上下10%范围内的鸡只数 / 抽样总

数）×100%

3. 鸡群整齐度的评价

可根据计算得到的均匀度评价鸡群的整齐度。

【考核标准】

1. 称重时间正确。

2. 抽样比例和方法正确。

3. 称重操作规范，数据记录完整。

4. 在 30 分钟内完成体重均匀度计算，结果正确。

5. 正确评价鸡群整齐度。

6. 会根据情况提出改进饲养管理的措施。

7. 操作认真，态度端正。

思考与练习

1. 进雏前，应做好哪些主要准备工作？

2. 评价 1 日龄雏鸡的质量，需要对雏鸡进行哪些个体检查？

3. 如何把握好育雏合适的温度？

4. 怎样确保育雏时合适的相对湿度？

5. 育雏室如何通风？

6. 简述雏鸡的开水、开食方法。

7. 怎样识别和挑选病弱雏鸡？

8. 简述生长期和育肥期的管理要点。

9. 简述优质肉鸡生态放养技术的关键点。

10. 肉用种鸡育雏期、育成期、产蛋期各应如何饲养管理？

11. 怎样观察鸡群，如何根据不同情况进行应对管理？

12. 肉鸡出栏时应注意哪些管理措施？

第五章　肉鸡的健康与保健

知识目标

1. 掌握肉鸡场常用的消毒方法。

2. 掌握带鸡消毒、空鸡舍消毒、车辆消毒、场区环境消毒、场区大门消毒的方法。

3. 了解疫苗的种类，掌握肉鸡免疫程序制定的依据。

4. 学会正确保存、运输、稀释疫苗。

5. 掌握免疫接种的方法。

6. 了解肉鸡的用药保健方法。

7. 掌握肉鸡场环境控制的主要措施。

技能要求

掌握肌内注射、皮下注射、点眼滴鼻、刺种、饮水、喷雾等免疫接种操作要领。

科学的饲养管理可有效降低肉鸡的发病率，但肉鸡的健康又受到雏鸡质量、大环境、气候等多种因素的影响，再加上管理的疏漏时有发生，所以说在做好饲养管理工作的同时，还要做好肉鸡的保健工作，这样养殖才能得以顺利进行，养殖效益才能得以保障。

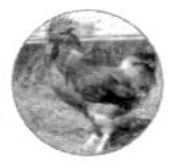

第一节　肉鸡场的消毒

消毒是指利用物理、化学和生物学的方法清除或杀灭环境（各种物体、场所、饲料、饮水及肉鸡体表皮肤）中的病原微生物及其他有害微生物。消毒是肉鸡场控制疾病的重要措施，一方面可以减少病原进入鸡舍，另一方面可以杀灭已进入鸡舍的病原。

一、常用消毒方法

（一）饮水消毒法

饮水是鸡群疾病传播的一个重要途径。病鸡可通过饮水系统将致病的病毒或细菌传给健康的鸡，从而引发呼吸系统、消化系统疾病。如果在饮水中加入适量的消毒药物可以杀死水中带有的细菌和病毒。饮水消毒主要可控制大肠杆菌、沙门氏菌、葡萄球菌、支原体及一些病毒性病原微生物。同时对控制饮水系统中的黏液细菌也极为有效。

饮水消毒可以选择的消毒剂种类很多，常用的有氯制剂、复合季铵盐类等。消毒药可以直接加入蓄水池或水箱中，用药量应以最远端饮水器或水槽中的有效浓度达到该类消毒药的最适饮水浓度为宜。

饮水消毒时还要注意，高浓度的氯可引起鸡腹泻，生产力下降，尤其在雏鸡阶段不能用超过 10×10^{-6} 的氯制剂饮水。而且氯对霉菌无作用，如果鸡只发生嗉囊霉菌病时，需在水中加碘消毒，浓度为 12×10^{-6}。同时，在饮水免疫、滴口免疫及喷雾免疫的前后 2 天，或饮水中加入其他有配伍禁忌的药物时，应暂停饮水消毒。除此之外，饮水消毒在整个饲养期不应间断。

（二）喷雾消毒法

喷雾消毒时指用化学消毒药物按规定比例稀释，装入喷雾器内，对鸡舍四壁、地面、饲槽、圈舍周围地面、运动场以及活禽交易市场、鸡体表面、运载车辆等进行的消毒。常用于带鸡消毒和净舍消毒。

喷雾消毒时，必须准确把握消毒液的浓度，保证消毒液的用量并彻底喷雾到各处，不留死角，均匀喷雾；消毒液要使用多种并经常更换使用，但不可同时混用；尽量用较热的溶剂溶解消毒药品，彻底溶解消毒药物能提高消毒效果。

（三）熏蒸消毒法

熏蒸消毒法是对特定可封闭空间及内部进行表面消毒所使用的方法。它是利用福尔马林（40% 的甲醛溶液）与高锰酸钾发生化学反应，快速释放出甲醛气体，经过一定时间杀死病原微生物，是一种消毒效果非常理想的消毒方法。熏蒸消毒最大的优点是熏蒸药物能均匀地分布到禽舍的各个角落，消毒全面彻底并省事省力，特别适用于禽舍内空气污染的消毒。甲醛能使菌体蛋白质变性凝固和溶解菌体类脂，可以杀灭物体表面和空气中的细菌繁殖体、芽孢下真菌和病毒。

1. 操作方法

（1）熏蒸前的准备工作

① 密闭鸡舍。熏蒸消毒的鸡舍必须冲洗干净，除熏蒸人员出入的门以外，其余门窗都应关闭封好，保证鸡舍的密闭性。

② 药品配合。福尔马林（40% 的甲醛溶液）28 毫升 / 米 ^{3} 空间，高锰酸钾 14 克 / 米 ^{3} 空间，水 10 毫升 / 米 ^{3} 空间。若为刚发过病的鸡舍，可用 3 倍的消毒浓度，即每立方米空间用福尔马林 42 毫升，高锰酸钾 21 克。

③ 熏蒸器具。足够深、足够容积的耐热容器。

④ 药品的分装和放置。根据鸡舍的长度、药品的数量、容器的数量分成几组，每组保持一定间隔，能够均匀排放，每组药品数量一致，高锰酸钾和福尔马林的比例为 1 ∶ 2，并对应放置好。

⑤ 鸡舍温度和湿度。福尔马林熏蒸要求适宜的温度为 25℃，湿度 60%~70%。在冬季进行熏蒸消毒时，应对鸡舍提前预温，并洒水提高湿度。

（2）熏蒸时的操作　将熏蒸人员分成几组，依次从舍内至门口排列好，在倒福尔马林时应严格按照从舍内向门口的顺序依次倒入高锰酸钾中。下一组人员应在第一组人员撤到他身后时开始操作，倒完后迅速撤离，在最后一组倒完后，迅速关闭鸡舍门，并封严。

（3）熏蒸时间　建议时间不低于 48 小时，48 小时后打开门窗通风，降低舍内甲醛气味，待气味消除后准备进雏。

2. 熏蒸消毒注意事项

（1）禽舍要密闭完好　甲醛气体含量越高，消毒效果越好。为了防止气体逸出舍外，在禽舍熏蒸消毒之前，一定要检查禽舍的密闭性，对门窗无玻璃或不全者装上玻璃，若有缝隙，应贴上塑料布、报纸或胶带等，以防漏气。

（2）盛放药液的容器要耐腐蚀、体积大　高锰酸钾和福尔马林具有腐蚀性，混合后反应剧烈，释放热量，一般可持续10~30分钟，因此，盛放药品的容器应足够大，并耐腐蚀。

（3）配合其他消毒方法　甲醛只能对物体的表面进行消毒，所以在熏蒸消毒之前应进行机械性清除和喷洒消毒，这样消毒效果会更好。

（4）提供较高的温度和湿度　一般舍温不应低于18℃，相对湿度以60%~80%为好，不宜低于60%。当舍温在26℃，相对湿度在80%以上时，消毒效果最好。

（5）药物的剂量、浓度和比例要合适　福尔马林毫升数与高锰酸钾克数之比为2：1。一般按福尔马林30毫升/米^3、高锰酸钾15克/米^{3}和常水15毫升/米^{3}计算用量。

（6）消毒方法适当，确保人畜安全　操作时，先将水倒入陶瓷或搪瓷容器内，然后加入高锰酸钾，搅拌均匀，再加入福尔马林，人即离开，密闭禽舍。用于熏蒸的容器应尽量靠近门，以便操作人员能迅速撤离。操作人员要避免甲醛与皮肤接触，消毒时必须空舍。

（7）维持一定的消毒时间　要求熏蒸消毒24小时以上，如不急用，可密闭2周。

（8）熏蒸消毒后逸散气体　消毒后禽舍内甲醛气味较浓、有刺激性，因此，要打开禽舍门窗，通风换气2天以上，等甲醛气体完全逸散后再使用。如急需使用时，可用氨气中和甲醛，按空间用氯化铵5克/米^3、生石灰10克/米^3、75℃热水10毫升/米^3，混合后放入容器内，即可放出氨气（也可用氨水来代替，用量按25%氨水15毫升/米^{3}计算）。30分钟后打开禽舍门窗，通风30~60分钟后即可进禽。

（四）浸泡消毒法

浸泡消毒法指将待消毒物品全部浸没于规定药物、规定浓度的消毒剂溶液内，或将被病原污染的动物浸泡于规定药物、规定浓度的消毒剂溶液内，按规定时间进行浸泡，以杀灭其表面附着的病原体而进行消毒的处理方法，适用于种蛋、蛋托、棚架、手术器械等实施消毒与灭菌。

对导管类物品应使管腔内同时充满消毒剂溶液。消毒或灭菌至要求的作用时间，应及时取出消毒物品用清水或无菌水清洗，去除残留消毒剂。对污染有病原微生物的物品应先浸泡消毒，清洗干净，再消毒或灭菌处理；对仅沾染污物的物品应清洗去污垢再浸泡消毒或灭菌处理；使用可连续浸泡消毒的消毒液时，消毒物品或器械应洗净沥干后再放入消毒液中。

（五）生物发酵消毒法

生物发酵消毒法适用于粪便、污水和其他废弃物的无害化处理。常用发酵池法和堆粪法。

发酵池法适用于养殖场稀粪便的发酵处理。根据粪便的多少，用砖或水泥砌成圆形或方形的池子，要求距离养殖场 200 米以外，远离居民、河流、水源等的地方。池底要夯实、铺砖、抹灰，不漏水、不透风。先在池底放一层干粪，然后将每天清理的粪便污物等倒入池内。快满时在表面盖一层干粪或杂草，再封上泥土，盖上盖板，以利于发酵和保持卫生。根据季节不同，经 1~3 个月发酵即可出粪清池。此间可两个或多个发酵池轮换使用。

堆粪法适用于干固粪便的发酵消毒处理。要求距离养殖场 200 米以外，远离居民、河流、水源等的地方设立堆粪场，在地面挖一浅沟，深 20 厘米左右，宽 1.5~2 米，长度不限，依据粪便多少而定。先在底部放一层干粪，然后将清理的粪便污物等堆积起来。堆到 1~1.5 米高时，在表面盖一层干粪或稻草，并使整个粪堆干湿适当，便于发酵，再封上 10 厘米厚的泥土，密封发酵。夏季经 2 个月、冬季经 3 个月以上的发酵即可出粪清坑。

二、肉鸡场不同消毒对象的消毒

（一）带鸡消毒

带鸡消毒就是在鸡群日常饲养过程中，使用浓度适当、灭菌高效、

刺激性弱的消毒药液对鸡舍内环境进行的一种消毒工作。

1. 带鸡消毒的操作方法

（1）消毒前准备　带鸡消毒前一定要清扫舍内卫生，才能发挥理想的消毒效果。环境过脏，存在的粉尘、粪污等污染物将会大量消耗消毒液中的有效消毒成分，减少消毒药的药效发挥。

（2）消毒液的配制　消毒药的用量按相关使用说明的推荐浓度与需配制的消毒药液量计算，用水量根据鸡舍的空间大小估算。不同季节，消毒用水量应灵活掌握，一般每立方米需要50~100毫升水，天气炎热干燥时用量应偏大，按上限计算；天气寒冷或舍内环境较好时用量偏少，按下限计算。

（3）消毒顺序　带鸡消毒按照从上至下，从进风口到排风口的顺序。从上至下即从房梁、墙壁到笼架，再到地面消毒；从进风口到排风口，即顺着空气流动的方向消毒。重点对通风口和通风死角严格消毒，此处容易被污染，又不易清除，是控制传染源的关键部位。

（4）消毒时间　每天的11点到下午3点气温高时适合带鸡消毒。要具体结合舍温情况，灵活掌握消毒时间。舍温高时，放慢消毒速度、延长消毒时间，发挥防暑降温作用；舍温低时，加快消毒速度、缩短消毒时间，减小对鸡只的冷应激。

（5）消毒方法　消毒降尘时，水雾应喷洒在距离顶笼鸡只1米处，消毒液均匀落在笼具、鸡只体表和地面，鸡只羽毛微湿即可；消毒物品时，可直接喷洒，如地面、墙壁、房梁、饮水管与通风小窗，注意不能直接对鸡只和带电设备喷洒。消毒后应增加通风，以降低湿度，特别在闷热的夏季更有必要。

（6）消毒频率　雏鸡自身抵抗力差，每天需要带鸡消毒2次；育成鸡和蛋鸡根据舍内环境污染程度，每天或隔天消毒1次。在用活苗免疫前后24小时之内禁止带鸡消毒，否则会影响免疫效果。

2. 注意事项

（1）消毒药的选用　带鸡消毒的药物应选择对人和鸡无害、刺激性小、易溶于水、杀菌或杀毒效果好、对物品和设备无腐蚀或腐蚀小的消毒药。一般至少选择2~3种消毒药轮换使用。常用的消毒药有季铵盐类、碘制剂和络合醛类。每种消毒药的特点各不相同，季铵盐类属阳离子表面活性剂，主要作用于细菌；碘制剂利用其氧化能力杀灭病毒的作用较强；络合醛类可凝固菌体蛋白，对细菌、病毒均有较好的作用。

在日常消毒时，几种消毒剂应交替使用，如长效抑菌和快速杀菌的交替、对细菌敏感和对病毒敏感的交替。因为长期使用一种消毒剂会使某些细菌出现耐药性，交替使用可使每种消毒剂优势互补。

（2）消毒液的配制　消毒药要完全溶于水并混合均匀，粉剂和乳剂可将药物先溶解好再加水稀释。每种消毒药都有其发挥功效的最佳浓度范围，并非药物浓度越大消毒效果越好，超出规定范围，一则消毒效率下降，二则浪费药物投入，三则超出对鸡群和人体无害的安全浓度。所以浓度配比要科学合理，要按照生产厂家推荐的浓度使用，有条件的养殖场也可通过试验确定合适的使用浓度。

消毒液要现用现配，不能提前配好，也不能剩下留用，防止消毒药液在放置的过程中药效下降。消毒前，应一次性将所需的消毒液全部兑好，药液不够时暂停消毒，重新配制，严禁一边加水一边消毒，这样会造成消毒药浓度不均匀，影响消毒效果。

（3）消毒用水的温度控制　在一定范围内，消毒药的杀菌力与温度成正比。试验表明：夏季消毒效果比冬季稍好。消毒液温度每提高10℃，杀菌能力约增加1倍，所以配制消毒液时最好用温水。温度增高，杀菌效果增加，特别是舍温较低的冬季，但是水温最高不能超过45℃。

总之，带鸡消毒是日常饲养工作的重要组成部分，应长期坚持，不能时有时无、时紧时松。通过长期不懈的坚持，可以减少鸡群各种疾病的发生，保证鸡群健康。

（二）鸡舍消毒

1. 空鸡舍消毒

鸡群转出或淘汰后，鸡舍会受到不同程度的污染，需要加强空舍期间管理，以减少、杀灭舍内潜在的细菌、病毒和寄生虫，隔断上下批次间病原微生物传播，为转入鸡群及周边鸡群提供安全的环境。在空舍时间（最少要达20天）保证基础上，重点要做好鸡舍清理、冲洗、消毒等关键环节管理。

（1）鸡舍清理管理　鸡舍清理的时间宜早，一般在上批鸡转出或淘汰后1~2天内开始。将料塔、饲料储存间及料槽清理干净，以避免饲料浪费。将鸡舍内的鸡粪清出舍外，保证冲洗效果。按照从上到下的原则对屋顶、坨架、房梁、墙壁、风机、进风口、排风口等处的尘土、蜘蛛网进行清扫。

对饮水系统（如饮水管、减压阀）、供电系统（配电箱、开关、电线）、笼具等设备设施进行清扫。

对舍内的风机、电器设备控制开关、闸盒等进行包裹或做其他保护。

鸡舍整理时尽量不要将设施和物品移出舍外，要在舍内进行统一整理、冲洗和消毒。如设施或物品必须移出，则在移出前进行严格的清扫和消毒，以防止细菌或病毒污染其他区域。

（2）鸡舍冲洗管理　鸡舍整理完毕后2~3天可对鸡舍进行冲洗。冲洗时按照先上后下、先里后外的原则，保证冲洗效果和工作效率，同时还可以节约成本。冲洗的顺序为：顶棚、笼架、料槽、粪板、进风口、墙壁、地面、储料间、休息室、操作间、粪沟，防止已经冲洗好的区域被再度污染，墙角、粪沟等角落是冲洗的重点，避免形成“死角”；冲洗的废水通过鸡舍后部排出舍外并及时清理或发酵处理，防止其对场区和鸡舍环境造成污染。

对饮水管与笼具接触处、线槽、料槽、电机、风机等冲洗不到或不易冲洗的部位进行擦洗。进入鸡舍的人员必须穿干净工作服、工作鞋；擦洗时使用清洁水源和干净抹布；及时对抹布进行清洗；洗抹布的污水不能在鸡舍内排放或泼洒，要集中到鸡舍外排放。

冲洗整理完毕后，对工作效果要进行检查，储料间、鸡笼、粪板、粪沟、设备的控制开关、闸盒、排风口等部位均要进行检查（每个部位至少取5个点以上），保证无残留饲料、鸡粪及鸡毛等污物。对于冲洗不合格的，应立即组织重新冲洗并再次进行检查，直到符合要求。

（3）鸡舍消毒管理　将水管拆卸下来，放出残余的水并用高压水枪冲洗，冲洗水箱等应用洗洁球或海绵擦洗，待全部擦洗干净后用1%~2%稀盐酸水溶液充满水线，浸泡24小时，放出浸泡液后冲洗干燥。

火焰消毒鸡舍冲洗干燥后进行，主要对笼具、地面等耐高温部位进行，目的是杀灭各种微生物及虫卵。

喷洒消毒在火焰消毒的当天或第2天，舍外墙壁用白灰喷洒消毒，舍内屋顶、地面、笼具及设备，用季铵盐类、络合醛类等消毒液全面喷洒消毒。在特殊情况下，可用驱虫药物喷洒，消灭舍内残留的寄生虫和虫卵。

熏蒸消毒在喷洒消毒当天进行，消毒前将所需物及工具移入，将鸡舍的进出风口、门窗、风机等封严，用甲醛熏蒸，保证熏蒸时间在24小时以上。进鸡前1~3天可进行通风换气并对熏蒸的残留药品清理和冲洗。

为确认消毒效果，可以进行微生物监测，如不能达到要求，需要重新对鸡舍进行消毒。

2. 育雏舍和雏鸡舍消毒

首先要进行彻底的清扫，将鸡粪、污物、蛛网等铲除，清扫干净。屋顶、墙壁、地面用水反复冲洗，待干燥后，喷洒消毒药和杀虫剂，烟道消毒（可用3%克辽林）后，再用10%的生石灰乳刷白，有条件的可用酒精喷灯对墙缝及角落进行火焰消毒。

密封性能较好的育雏舍，在进鸡前3~5天用福尔马林溶液进行熏蒸消毒。熏蒸前窗户、门缝要密封好，堵住通风口。洗刷干净的育雏用具、饮水器、料槽（桶）等全部放进育雏舍一起熏蒸消毒。熏蒸24~48小时后打开门窗，排出剩余的甲醛气体后再进雏。

通常情况下，不提倡对雏鸡进行熏蒸消毒，但在发生脐炎、白痢杆菌病等疫病的鸡场，可实施熏蒸消毒。

如时间仓促，可在喷洒消毒剂后结合紫外线灯照射消毒1~2小时。进雏后每天清扫地面1~2次，并喷洒消毒剂，10日龄后参照带鸡消毒。

3. 鸡舍外环境消毒

对鸡舍外的院落、道路和某些死角，每周进行1~2次消毒，易在早、晚进行。消毒剂可使用烧碱、漂白粉或84消毒液等。先彻底清扫院落和道路上的垃圾、污物，再用喷雾器喷洒消毒剂。

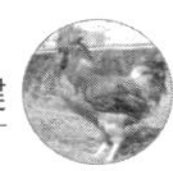

4. 发病鸡舍的消毒

在有病鸡的鸡舍内，消毒工作十分重要，但是不可与普通鸡舍的消毒程序一致，有效的消毒方法如下：可移动的设备和用具先消毒后，再移到舍外日晒；鸡舍封闭，禁止无关人员进入；垫料用强消毒液喷洒消毒，整个区域不能与其他鸡接触；将垫料移到舍外烧或埋，不能与鸡群接触。

（三）车辆消毒

运输饲料、产品等车辆，是鸡场经常出入的运输工具。这类车辆与出入的人员比较，不但面积大，而且所携带的病原微生物也多，因此对车辆更有必要进行消毒。为了便于消毒，大、中型养鸡场可在大门口设置与门同等宽的自动化喷雾消毒装置。小型鸡场设喷雾消毒器，对出入车辆的车身和底盘进行喷雾消毒。消毒槽（池）内铺草垫浸以消毒液，供车辆通过时进行轮胎消毒。有的在门口撒干石灰，那是起不到消毒作用的。

车辆消毒应选用对车体涂层和金属部件无损伤的消毒剂，具有强酸性的消毒剂不适合用于车辆消毒。消毒槽（池）的消毒剂，最好选用耐有机物、耐日光、不易挥发、杀菌谱广、杀菌力强的消毒剂，并按时更换，以保持消毒效果。车辆消毒一般可使用博灭特、百毒杀、强力消毒王、优氯净、过氧乙酸、苛性钠、抗毒威及农福等。

（四）场区环境消毒

① 场区环境消毒用 3% 火碱水，朝地面喷洒，应保证半小时不干。

② 场内环境消毒上鸡前进行一次彻底消毒。

③ 从 1 日龄算起，环境消毒每周一次，春、秋、冬三季在白天进行，夏季在早 7 点以前，晚 6 点以后进行。场内若有疫情，消毒应每天一次。

④ 消毒要全面彻底，不准留有死角，尤其是风机周围重点消毒，用火碱水喷洒时不要喷在屋顶、料塔等易被腐蚀的地方。

⑤ 消毒完后，应用消毒机器打一段时间（5~10 分钟）的清水将机器内的消毒液冲刷干净。

⑥ 每天背喷雾器对操作间、舍门口周围、风口、风机百叶窗及周围用 1∶500 菌毒杀，早 6 点、下午 4 点各消毒一次。

（五）进出鸡舍消毒

① 上下班到消毒走廊喷淋消毒，进入鸡舍要脚踏消毒池，洗手消毒。

② 在班上进出鸡舍都要全身消毒和脚踏消毒池，洗手消毒。

③ 进出鸡舍的物品都要进行消毒。

④ 死淘鸡只拿出鸡舍后，对暂时存放死淘鸡的地方要严格消毒。

（六）自动喷雾消毒管理要求

① 自动喷雾消毒，必须有专人负责，技术员监督执行。

② 移动自动喷雾消毒机器必须小心、平稳，保护好接管、接头。

③ 必须选择溶解度好的消毒药，消毒药浓度按说明配兑，不可随意配比。

④ 消毒药必须要充分溶解后，方可消毒。

⑤ 将盛消毒溶液的桶密封，进水口和吸水头用五层以上细纱布过滤。

⑥ 选择中午消毒，先将风机关闭，等舍温上升1~2℃后，再进行消毒。消毒完后，待舍温上升至要求温度后，再打开风机通风。消毒次数按公司要求进行。

⑦ 必须严格控制消毒液剂量，每间舍用消毒液 2 千克。

⑧ 消毒完后，喷雾管外接头必须用塑料袋包住，防止碰撞损坏或被火碱腐蚀和杂物进入。

⑨ 更换另种消毒药前必须将自动喷雾消毒设施用清水冲洗干净。

（七）肉鸡场大门口的消毒

在鸡场门口，设置紫外线杀菌室、消毒池（槽）（图 5-1）和消毒通道（图 5-2）。消毒池要有足够的深度和宽度，至少能够浸没半个车轮，并且能在消毒池里转过 2 圈，并经常更换池内的消毒液，以便对进出人员和车辆实施严格的消毒。除了不能淋湿的物品（如饲料），所有车辆要经过消毒通道进出鸡场。

图 5-1　门口的消毒池

图 5-2　消毒通道

第二节　免疫接种

肉鸡免疫接种是用人工方法将免疫原（刺激机体的免疫活性细胞产生免疫应答的能力）或免疫效应物质输入肉鸡体内，从而使肉鸡机体产生特异性抗体（机体在抗原刺激下，由 B 细胞分化成的浆细胞所产生的、可与相应抗原发生特异性结合反应的免疫球蛋白），使对某一种病原微生物易感的肉鸡变为对该病原微生物具有抵抗力，从而帮助它们建立适合的防御体系，避免疫病的发生和流行。免疫接种是预防和控制肉鸡传染病的一项极其重要的措施。免疫接种将会产生一定的免疫反应，在接种后的数天内，鸡会出现轻度的病态。由此产生的应激会阻碍鸡的生长发育，因此只有健康的鸡才能进行免疫接种。这意味着活苗免疫要等到鸡群从上一次免疫接种反应完全康复后，才能进行。一般地，免疫接种反应会在 14 天内消失。在每次免疫接种前，要检查鸡群是否健康和是否适合做免疫接种。

一、疫苗的种类

1. 传统疫苗

传统疫苗是指用整个病原体如病毒、衣原体等接种动物、鸡胚或组织培养生长后，收获处理而制备的生物制品，由细菌培养物制成的称为菌苗。传统疫苗在防治肉鸡传染病中起到重要的作用。传统疫苗主要包括减毒活苗和灭活疫苗，如生产上常用的新城疫 Ⅰ 系、Ⅲ 系、Ⅳ 系疫苗。根据肉鸡场的实际情况选择使用不同的疫苗。

养鸡场需要通过实施生物安全体系、预防保健和免疫接种3种途径，来确保鸡群健康生长。在整个疾病防控体系中，三者通过不同的作用点起作用。生物安全体系主要通过隔离屏障系统，切断病原体的传播途径，通过清洗消毒减少和消灭病原体，是控制疾病的基础和根本；预防保健主要针对病原微生物，通过预防投药，减少病原微生物数量或将其杀死；免疫接种则针对易感动物，通过针对性的免疫，增加机体对某个特定病原体的抵抗力。三者相辅相成，以达到共同抗御疾病的目的。

2. 亚单位疫苗

利用微生物的某种表面结构成分（抗原）制成不含有核酸、能诱发机体产生抗体的疫苗，称为亚单位疫苗。亚单位疫苗是将致病菌主要的保护性免疫原存在的组分制成的疫苗。这类疫苗不是完整的病原体，是病原体的一部分物质。

3. 基因工程疫苗

使用DNA重组生物技术，把天然的或人工合成的遗传物质定向插入细菌、酵母菌或哺乳动物细胞中，使之充分表达，经纯化后而制得的疫苗。应用基因工程技术能制出不含感染性物质的亚单位疫苗、稳定的减毒疫苗及能预防多种疾病的多价疫苗。

二、制定恰当的免疫程序

肉鸡生长周期相对较短、饲养密度大，一旦发病很难控制，即使治愈，损失也比较大，并影响产品质量。因此，制定科学的免疫程序，是搞好疫病防疫的一个非常重要的环节。制定免疫程序应该根据本地区、本鸡场、该季节疾病的流行情况和鸡群状况，每个肉鸡场都要制定适合本场的免疫程序。

表5–1是快大型肉鸡的几个免疫程序，供参考。

表 5-1　快大型肉鸡的参考免疫程序

免疫程序	日龄	疫苗类型	免疫方法
方案一	7 日龄	新城疫Ⅳ系活苗、油苗	点眼，颈部皮下注射
	14 日龄	法氏囊炎弱毒冻干疫苗	饮水
	28 日龄	新城疫Ⅳ系活苗	饮水
方案二	7 日龄	新城疫和传染性支气管炎二联疫苗	点眼或滴鼻
	14 日龄	法氏囊炎弱毒冻干疫苗	饮水（2 倍量）
	21 日龄	新城疫和传染性支气管炎二联疫苗	饮水（2 倍量）
	28 日龄	法氏囊炎弱毒冻干疫苗	饮水
方案三	4 日龄	新城疫 + 传染性支气管炎二联苗	点眼
	12 日龄	禽流感灭活苗	注射
	14 日龄	法氏囊炎中毒疫苗	饮水
	25 日龄	新城疫弱毒疫苗	饮水
	30 日龄	鸡痘弱毒苗	刺种
方案四	1 日龄	ND-VH+H120+28/86	点眼
	7 日龄	ND-LaSota ND（Killed.）	点眼 1/2 剂量颈部皮下
	14 日龄	IBD	饮水或滴口
	21 日龄	LaSota	点眼，或 2 倍剂量饮水
	28 日龄	LaSota	2 倍剂量饮水（必要时进行）

放养土鸡参考免疫程序一：1 日龄马立克疫苗，皮下注射；10 日龄新城疫 + 传染性支气管炎 H120 疫苗滴鼻；14 日龄法氏囊 B87 疫苗滴口，鸡痘疫苗刺翅；21 日龄新城疫 + 传染性支气管炎 H52 滴眼；42 日龄新城疫 + 传染性支气管炎二联四价疫苗饮水；65 日龄加倍饮水免疫。

参考免疫程序二：1 日龄马立克疫苗，皮下注射；5 日龄法氏囊 B87 滴口；17 日龄法氏囊二价疫苗滴口，鸡痘疫苗刺翅；21 日龄新城疫+ 传染性支气管炎 H52 滴眼；42 日龄新城疫 + 传染性支气管炎二联四价疫苗饮水；65 日龄加倍饮水免疫。

三、疫苗的保存、运输和稀释

1. 疫苗的保存

疫苗属于生物制品，保存时总的原则是：分类、避光、低温、冷藏，防止温度忽高忽低，并做好各项入库登记。

2. 疫苗的运输

疫苗的存放地与使用地常常不在同一个地方，都有一个或近或远的距离，因此，疫苗运输时都必须避光、低温冷藏为原则，需要使用专用冷藏车才能完成。

3. 疫苗的稀释

鸡常用疫苗中，除了油苗不需稀释，直接按要求剂量使用外，其他各种疫苗均需要稀释后才能使用。疫苗若有专用稀释液，一定要用专用稀释液稀释。稀释时，应根据每瓶规定的头份、稀释液量来进行。无论蒸馏水、生理盐水、缓冲盐水、铝胶盐水等作稀释液，均要求无异物杂质，更不可变质。特别要求各种稀释液中不可含有任何病原微生物，也不能含有任何消毒药物。若自制蒸馏水、生理盐水、缓冲盐水等，都必须经过消毒处理，冷却后使用。

稀释用具如注射器、针头、滴管、稀释瓶等，都要求事先清洗干净并高压消毒备用。稀释疫苗时，要根据鸡群数量、参与免疫人员多少，分多次稀释，每次稀释好的疫苗要求在常温下半小时内用完。已打开瓶塞的疫苗或稀释液，须当次用完，若用不完则不宜保留，应废弃，并作无害化处理。不能用金属容器装疫苗及稀释疫苗，用缓冲盐水、铝胶盐水作稀释液时，应充分摇匀后使用。液氮苗稀释时，应特别注意正确操作（详细操作见各厂家液氮苗使用说明书）。进行饮水免疫稀释疫苗时，应注意水质，最好用深井水，并先加入 0.2% 的脱脂奶粉，再加入疫苗。应注意不要用加氯或用漂白粉处理过的自来水，以免影响免疫质量。

活疫苗使用操作程序：活疫苗要求现用现配，并且一次配制量应保证在半小时内用完。

灭活疫苗使用操作程序：灭活疫苗在使用前要提前从冷藏箱内

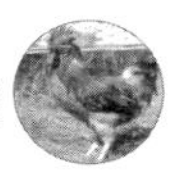

（2~8℃）取出，进行预温以达到室温（24~32℃）。不仅可以改善油苗的黏稠度，确保精确的注射剂量，同时还可以减轻注射疫苗对鸡只的冷应激。

四、免疫的方法

1. 肌内注射法

将稀释后的疫苗，用注射针注射在鸡腿、胸或翅膀肌肉内。注射腿部应选在腿外侧无血管处，顺着腿骨方向刺入，避免刺伤血管神经；注射胸部应将针头顺着胸骨方向，选中部并倾斜 30° 刺入，防止垂直刺入伤及内脏；2 月龄以上的鸡可注射翅膀肌肉，要选在翅膀根部肌肉多的地方注射。此法适合新城疫 I 系疫苗、油苗及禽霍乱弱毒苗或灭活苗。

要确保疫苗被注射到鸡的肌肉中，而不是羽毛中间、腹腔或是肝脏。有些疫苗，比如细菌苗通常建议皮下注射。

2. 皮下注射法

将疫苗稀释，捏起鸡颈部皮肤刺入皮下，防止伤及鸡颈部血管、神经。此法适合鸡马立克疫苗接种。注射前，操作人员要对注射器进行常规检查和调试，每天使用完毕后要用 75% 的酒精对注射器进行全面的擦拭消毒。注射操作的控制重点为检查注射部位是否正确，注射渗漏情况、出血情况和注射速度等。同时也要经常检查针头情况，建议每注射 500~1 000 羽更换一次针头。注射用灭活疫苗须在注射前 5~10 小时取出，使其慢慢升至室温，操作时注意随时摇动。要控制好注射免疫的速度，速度过快，容易造成注射部位不准确，油苗渗漏比例增加，但如果速度过慢也会影响到整体的免疫进度。另外，针头粗细也会对注射结果产生影响，针头过粗，对颈部组织损伤的概率增大，免疫后出血的概率也就越大。针头太细，注射器在推射疫苗过程中阻力增大，疫苗注射到颈部皮下的位置与针孔位置太近，渗漏的比例会增加。

3. 滴鼻点眼法

将疫苗稀释摇匀，用标准滴管各在鸡眼、鼻孔滴一滴（约 0.05 毫升），让疫苗从鸡气管吸入肺内、渗入眼中。此法适合雏鸡的新城疫Ⅱ、Ⅲ、Ⅳ系疫苗和传支、传喉等弱毒疫苗的接种，它使鸡苗接种均匀、免疫效果较好，是弱毒苗的最佳接种方法。

点眼通常是最有效的接种活性呼吸道病毒疫苗的方法。点眼免疫时，疫苗可以直接刺激鸡眼部的重要免疫器官——哈德氏腺，从而可以快速地激发局部免疫反应。疫苗还可以从眼部进入气管和鼻腔，刺激呼吸道黏膜组织产生局部细胞免疫和IgA等抗体。但此种免疫方法对免疫操作要求比较细致，如要求疫苗滴入鸡眼内并吸收后才能放开鸡。判断点眼免疫是否成功的一种有效方法就是在疫苗液中加入蓝色染料，在免疫后10分钟检查鸡的舌根，如果点眼免疫成功，则鸡的舌根会被蓝色染料染成蓝色。

4. 刺种法

将疫苗稀释，充分摇匀，用蘸笔或接种针蘸取疫苗，在鸡翅膀内侧无血管处刺种。需3天后检查刺种部位，若有小肿块或红斑则表示接种成功，否则需重新刺种。该方法通常用于接种鸡痘疫苗或鸡痘与脑脊髓炎二联苗，接种部位多为翅膀下的皮肤。

翼膜刺种鸡痘疫苗时，要避开翅静脉，并且在免疫7~10日后检查“出痘”情况以防漏免。接种后要对所有的疫苗瓶和鸡舍内的刺种器具做好清理工作，防止鸡只的眼睛或嘴接触疫苗而导致这些器官出现损伤。

5. 饮水免疫

（1）免疫前的准备工作 免疫前、中、后三天舍内停用一切消毒药（带鸡消毒、饮水消毒、处理水线等），由技术员具体负责。免疫前24小时记录免疫前一天同一时间的饮水量（一般为早上开灯后4小时），提前24小时测出每条水线的返冲量，并报组长。提前一天清理检查加药器、水线乳头、免疫用具。

① 加药器的清理检查。技术员检查加药器比例；提前一天清理检查加药器吸水性和灵敏度是否正常；检查加药器的吸水头是否清洁，纱网是否完好。

② 水线、乳头的清理检查。检查水线，乳头是否有损坏、破裂、漏水、气阻现象；将免疫用的水盆、水桶等器具用清水冲洗干净。

（2）免疫过程操作

① 在免疫前 0.5 小时，按技术员规定的比例，将免疫宝与水混合均匀。

② 按技术员要求，分 4 次到技术员处领取疫苗。

③ 领到疫苗后，疫苗在含有免疫宝的水中打开，以防疫苗灭活，并将盛疫苗液的器具盖住，以防杂物掉入。

④ 将稀释好的疫苗液置加药器下，放入吸水管，并确保吸水头不露出水面，手按加药器顶部放气按钮进行放气，将疫苗返冲入水线，有鸡部分末端乳头出现蓝色时应立即关闭阀门（返冲水量以前一天测量为准）。

⑤ 在返冲疫苗后，计算吸入疫苗液量和水表显示饮水量，并报技术员。

⑥ 第二、三、四次免疫按技术员要求，正常饮用即可。

⑦ 最后两次对好饮上疫苗液后，应到鸡舍内赶鸡。

（3）免疫后工作

①在疫苗饮完后，用 0.5 千克清水冲洗免疫用过的器具内壁，再置加药器下，将残留的疫苗液吸入加药器，停水 0.5 小时，待鸡饮完水线中水后（用手触乳头无水为准）再开阀供水。

② 免疫结束后，对用过的器具、污染过的地面要用菌毒杀喷雾消毒，对用过的疫苗瓶、盖装入塑料袋密封，交给技术员清点数目，进行焚烧处理。

③ 记录该次免疫的时间及饮水量，并报技术员。

④ 免疫完后，技术员组织组长、饲养员在鸡舍的末端随机隔出一小部分鸡，检查免疫是否成功（应达到 100%），看是否需要再次免疫。

（4）免疫的注意事项

① 一旦稀释开疫苗要在 1 小时内饮完。

② 用于稀释疫苗的水必须十分洁净。

③ 饮水免疫过程中不准使用金属器具。

④ 稀释疫苗时要避光，以免杀死疫苗。

⑤ 免疫时，技术员必须在现场指导，必要时进行操作示范。

⑥ 免疫停水后，再次开阀供水时应检查乳头有无气阻现象。

6. 喷雾免疫

喷雾免疫是操作最方便的免疫方法，局部免疫效果好，抗体上升快、高、均匀度好。但喷雾免疫对喷雾器的要求比较高，如 1 日龄雏鸡采用喷雾免疫时必须保证喷雾雾滴直径在 100~150 微米，否则雾滴过小会进入雏鸡肺内引起严重的呼吸道反应。而且喷雾免疫对所用疫苗也有比较高的要求，否则喷雾免疫的副反应会比较严重。实施喷雾免疫操作前应重点对喷雾器进行详细检查，喷雾操作结束后要对机器进行彻底清洗消毒，而在下一次使用前应用蒸馏水对上述消毒后的部件反复多次冲洗，以免残留的酒精影响疫苗质量，同时也要加强对喷雾器的日常维护。喷雾免疫当天停止带鸡消毒，免疫前一天必须做好带鸡消毒工作，以净化鸡舍环境，提高免疫效果。

7. 球虫免疫

我国地域辽阔，有些地方习惯对肉鸡进行球虫免疫。其免疫方法和程序如下。

① 按每瓶疫苗用 1 200 毫升的比例量取蒸馏水或凉开水。

② 将水倒入干净的容器中，将疫苗倒入水中，将冲洗疫苗瓶和盖的水也倒入容器中。

③ 将疫苗悬液倒入干净的加压式喷雾器中。

④ 喷料：每 1 200 毫升疫苗溶液喷料 8 千克，将饲料平铺在地面上，把球虫疫苗均匀地喷洒在饲料上，来回多喷几次拌均匀。让鸡将喷洒好球虫疫苗的饲料采食干净，时间在 6~8 小时。

球虫免疫时应注意以下几项。

① 免疫前控料 2 小时。

② 拌料时要均匀，上料时要快速上到每个料位，上完料后要驱赶鸡只确保每一只鸡都能吃到等量的球虫疫苗。

③ 免疫后 15 到 16 日龄按技术员要求，在饮水中加抗球虫药以控制卵囊增殖，减少疫苗免疫反应。

④ 免疫后两周左右，个别鸡群粪便上偶尔可见少量血便属于正常现象，若鸡群食欲正常，可不必作任何治疗。如血便多又有发展趋势应及时向技术员反映，以便采取措施。

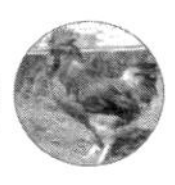

⑤ 疫苗使用前要摇匀。

⑥ 垫料湿度适中，保持湿度在 25%~35%。

⑦ 扩群时要将部分旧垫料撒在扩群间新垫料上。

五、免疫操作注意事项

① 防疫后以最快速度打掉针管内残留的疫苗，同时用开水冲洗，眼观干净为止；然后休息或吃饭后坐下来单个拆开清理、消毒备用；只用开水冲洗是冲不干净的，否则残留的油剂在里面会起到很多不良影响：充当了细菌的培养基，同时还损坏里面的密封部件。

② 注意疫苗稀释的方法。冻干苗的瓶盖是高压盖子，稀释的方法是先用注射器将 5 毫升左右的稀释液缓缓注入瓶内，待瓶内疫苗溶解后再打开瓶塞倒入水中。避免真空的冻干苗瓶盖突然打开使部分病毒受到冲击而灭活。

③ 为了减轻免疫期间对鸡只造成的应激，可在免疫前 2 天给予电解多维和其他抗应激的药物。

④ 使用疫苗时一定要认清疫苗的种类、使用对象和方法，尤其是活毒疫苗。使用方法错误不仅会造成严重的不良反应，甚至还会造成病毒扩散的严重后果。对于在本地区未发生过的疫病，不要轻易接种该病的活疫苗。

⑤ 免疫过后，再苦再累也要把所有器具清理洗刷干净，防止对环境和器具造成污染，同时也防止油乳剂疫苗变质，影响器具下次使用。

第三节　肉鸡的用药与保健

一、抓好防疫管理

（一）制定并执行严格的防疫制度

完善的防疫制度和可靠执行是衡量一个鸡场饲养管理水平的关键，也是有效防止鸡病流行的主要手段之一。因此建议养鸡场在防疫制度方面应做到以下几点：① 订立具体的兽医防疫卫生制度并明文张贴，作为全场工作人员的行为准则；② 生产区门口设消毒池，其中消毒液应及时更换，进入鸡场要更换专门工作服和鞋帽，经消毒池消毒后，方可进入；③ 鸡场谢绝参观，不可避免时，应严格按防疫要求消毒后，方可进入，农家养鸡场应禁止其他养殖户、鸡蛋收购商和死鸡贩子进入鸡场，病鸡和死鸡经疾病诊断后应深埋，并做好消毒工作，严禁销售和随处乱丢；④ 车辆和循环使用的集蛋箱、蛋盘进入鸡场前应彻底消毒，以防带入疾病，最好使用 1 次性集蛋箱和蛋盘；⑤ 保持鸡舍的清洁卫生，饲槽、饮水器应定期清洗，勤清鸡粪，定期消毒，保持鸡舍空气新鲜，光照、通风、温湿度应符合饲养管理要求；⑥进鸡前后和雏鸡转群前后，鸡舍及用具要彻底清扫、冲洗及消毒，并空置一段时间；⑦ 定期进行鸡场环境消毒和鸡舍带鸡消毒，通常每周可进行 2~3 次消毒，疫病发生期间，每天带鸡消毒 1 次；⑧ 重视饲料的贮存和日粮的全价性，防止饲料腐败变质，供给全价日粮；⑨ 适时进行药物预防，并根据本场病例档案和当地疾病的流行情况，制定适于本场的免疫程序，选用可靠的疫苗进行免疫；⑩ 清理场内卫生死角，消灭老鼠、蚊蝇，清除蚊、蝇滋生地。

（二）采取“自繁自养”“全进全出”的饲养制度

所谓“自繁自养”，就是指一个规模饲养场除了种鸡需要从场外引进以更换淘汰的种鸡外，所有饲养的鸡均由本场自己繁殖、孵化、培育。这种饲养方式，可以阻断因频繁引进苗鸡而带入疫病的传染途径；同时也能因种鸡、苗鸡自养而降低生产成本。采用这一方式的前提是，养鸡场规模较大，饲养者必须具备饲养种鸡和苗鸡孵化的条件和技术。采用此方式的生产资本投入较大，对饲养管理人员文化科技素质要求高。

“全进全出”的饲养制度是有效防止疾病传播的措施之一。“全进全出”使得鸡场能够做到净场和充分的消毒，切断了疾病传播的途径，从而避免患病鸡只或病原携带者将病原传染给日龄较小的鸡群。当前有些地区农村养鸡场很多，有的村庄养鸡数量可达几十万只。各养殖户各自为政，很难进行统一的防疫和管理，这可能是近年来疾病流行较为严重的原因之一。

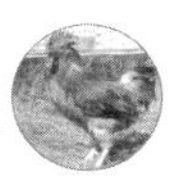

（三）保证雏鸡质量

高质量的雏鸡是保证鸡群具有较好的生长和生产性能的关键，因此应从无传染病、种鸡质量好、鸡场防疫严格、出雏率高的鸡场进雏鸡。同一批入孵、按期出雏、出雏时间集中的雏鸡成活率高，易于饲养。从外观上要选择绒毛光亮，喙、腿、趾水灵，大小一致，出生重符合品种要求的雏鸡。检查雏鸡时，腹部柔软，卵黄吸收良好，脐部愈合完全，绒毛覆盖整个腹部则为健雏。若腹大、脐部有出血痕迹或发红呈黑色、棕色或钉脐者，腿、喙、眼干燥有残疾者均应淘汰。

进雏前应将鸡舍温度调到33℃左右，并注意通风换气，以防煤气中毒。进雏后应做好雏鸡的开食开饮工作。一般在出壳后 24 小时左右开始饮水，这样有利于促进胃肠蠕动、蛋黄吸收和排除胎粪，增进食欲，利于开食。初饮水中应加入 5% 的葡萄糖，同时加抗生素、多维电解质水溶粉，饮足 12 小时。一般开始饮水 3 小时后，即可开食，注意开始就供给全价饲料，以防出现缺乏症。

（四）搞好饲料原料质量检测

把好饲料原料质量关是保证供给鸡群全价营养日粮、防止营养代谢病和霉菌毒素中毒病发生的前提条件。大型集约化养鸡场可将所进原料或成品料分析化验之后，再依据实际含量进行饲料的配合，严防购入掺假、发霉等不合格的饲料，造成不必要的经济损失。小型养鸡场和专业户最好从信誉高、有质量保证的大型饲料企业采购饲料。自己配料的养殖户，最好能将所用原料送质检部门化验后再用，以免造成不可挽回的损失。

（五）避免或减轻应激

多种因素均可对鸡群造成应激，其中包括捕捉、转群、断喙、免疫接种、运输、饲料转换、无规律地供水供料等生产管理因素以及饲料营养不平衡或营养缺乏、温度过高或过低、湿度过大或过小、不适宜的光照、突然的音响等环境因素。实践中应尽可能通过加强饲养管理和改善环境条件，避免和减轻以上两类应激因素对鸡群的影响，防止应激造成鸡群免疫效果不佳、生产性能和抗病能力降低。如不可避免应激时，可于饲料或饮水中添加大剂量的维生素 C（每吨饲料中加入 100~200 克）或抗应激制剂（如每吨饲料添加 0.1% 的琥珀酸盐或

0.2% 的延胡索酸），也可以用多维电解质饮水，以减轻应激对鸡群的影响。

根据本场或本地区传染病发生的规律性，定期地使用药物预防和疫苗接种是预防疾病发生的主要手段之一，但应杜绝滥用或盲目用药或疫苗，以免造成不良后果。

（六）淘汰残次鸡，优化鸡群素质

鸡群中的残次个体，不但没有生产价值或生产价值不大，而且往往带菌（或病毒），是疾病的传染源之一。因此，淘汰残次鸡，一方面可以维护整群鸡的健康，另一方面又可以降低饲料消耗，提高整个鸡群的整齐度和生产水平。这些残次个体包括发育不良鸡、病鸡、有疾病后遗症的鸡、低产或停产鸡等。

（七）建立完善的病例档案

病例档案是鸡场赖以制定合理的药物预防和免疫接种程序的重要依据，也是保证鸡场今后防疫顺利进行的重要参考资料。病例档案应包括以下内容：① 引进鸡的品种、时间、入舍鸡数和种鸡场联系地址；② 所使用的免疫程序、疫苗来源，已进行的药物预防时间、药物种类；③ 发生疾病的时间、病名、病因、剖检记录、发病率、死淘率及紧急处理措施。

（八）认真检疫

检疫是指用各种诊断方法对禽类及其产品进行疫病检查，及时发现病禽，采取相应措施，防止疫病的发生和传播。作为鸡场，检疫的主要任务是杜绝病鸡入场，对本场鸡群进行监测，及早发现疫病，及时采取控制措施。

1. 引进鸡群和种蛋的检疫

从外面引进雏鸡或种蛋时，必须了解该种鸡场或孵化场的疫情和饲养管理情况，要求无垂直传播的疾病，如白痢、霉形体病等。有条件地进行严格的血清学检查，以免将病带入场内。进场后严格隔离观察，一旦发现疫情，立即进行处理。只有通过检疫和消毒，隔离饲养 20~30 天，确认无病才准进入鸡舍。

2. 平时定期的检疫与监测

对危害较大的疫病，根据本场情况应定期进行监测。如常见的鸡

新城疫、产蛋下降综合征可采用血凝抑制试验检测鸡群的抗体水平；马立克氏病、传染性法氏囊病、禽霍乱采用琼脂扩散试验检测；鸡白痢可采用平板凝集法和试管凝集法进行检测。种鸡群的检疫更为重要，是鸡群净化的一个重要步骤，如对鸡白痢的定期检疫，发现阳性鸡只立即淘汰，逐步建立无白痢的种鸡群。除采血进行监测之外，有实验室条件的，还可定期对网上粪便、墙壁灰尘抽样进行微生物培养，检查病原微生物的存在与否。

3. 有条件的可对饲料、水质和舍内空气监测

每批购进的饲料，除对饲料能量、蛋白质等营养成分检测外，还应对其含沙门氏菌、大肠杆菌、链球菌、葡萄球菌、霉菌及其有毒成分检测；对水中含细菌指数的测定；对鸡舍空气中含氨气、硫化氢和二氧化碳等有害气体的浓度测定等。

二、搞好药物预防

在我国饲养环境条件下，免疫和环境控制虽然是预防与控制疾病的主要手段，但在实际生产中，还存在着许多可变因素，如季节变化、转群、免疫等因素容易造成鸡群应激，导致生产指标波动或疾病的暴发。因此在日常管理中，养殖户需要通过预防性投药和针对性治疗，以减少条件性疾病的发生或防止继发感染，确保鸡群高产、稳产。

（一）用药目的

1. 预防性投药

当鸡群存在以下应激因素时需预防性投药。

（1）环境应激　季节变换，环境突然变化，温度、湿度、通风、光照突然改变，有害气体超标等。

（2）管理应激　包括限饲、免疫、转群、换料、缺水、断电等。

（3）生理应激　雏鸡抗体空白期、开产期、产蛋高峰期等。

2. 条件性疾病的治疗

当鸡群因饲养管理不善，发生条件性疾病时，如大肠杆菌病、呼吸道疾病、肠炎等，及时针对性投放敏感药物，使鸡群在最短时间内恢复健康。

3. 控制疾病的继发感染

任何疫病都是严重的应激危害因素，可诱发其他疾病同时发生。如鸡群发生病毒性疾病、寄生虫病、中毒性疾病等，易造成抵抗力下降，容易继发条件性疾病，此时通过预防性药物，可有效降低损失。

（二）药物的使用原则

1. 预防为主、治疗为辅

要坚持预防为主的原则。制定科学的用药程序，搞好药物预防、驱虫等工作。有的传染病只能早期预防，不能治疗，要做到有计划、有目的地适时使用疫（菌）苗进行预防，及时搞好疫（菌）苗的免疫注射，搞好疫情监测。尽量避免蛋鸡发病用药，确保鸡蛋健康安全、无药物残留。必要时可添加作用强、代谢快、毒副作用小、残留最低的非人用药品和添加剂，或以生物制剂作为治病的药品，控制疾病的发生发展。

要坚持治疗为辅的原则。确需治疗时，在治疗过程中，要做到合理用药，科学用药，对症下药，适度用药，只能使用通过认证的兽药和饲料厂生产的产品，避免产生药物残留和中毒等不良反应。尽量使用高效、低毒、无公害、无残留的“绿色兽药”，不得滥用药物。

2. 确切诊断，正确掌握适应证

对于养鸡生产中出现的各种疾病要正确诊断，了解药理，及时治疗，对因对症下药，标本兼治。目前养鸡生产中的疾病多为混合感染，极少是单一疾病，因此用药时要合理联合用药，除了用主药，还要用辅药，既要对症，还要对因。

对那些不能及时确诊的疾病，用药时应谨慎。由于目前鸡病太多、太复杂，疾病的临床症状、病理变化越来越不典型，混合感染、继发感染增多，很多病原发生抗原漂移、抗原变异，病理材料无代表性，加上经验不足等原因，鸡群得病后不能及时确诊的现象比较普遍。在这种情况下应尽量搞清是细菌性疾病、病毒性疾病、营养性疾病还是其他原因导致的疾病，只有这样才能在用药时不会出现较大偏差。在没有确诊时用药时间不宜过长，用药 3~4 天无效或效果不明显时，应尽快停（换）药进行确诊。

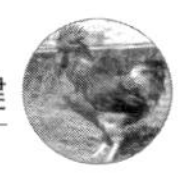

3. 适度剂量，疗程要足

剂量过小，达不到预防或治疗效果；剂量过大，造成浪费、增加成本、药物残留、中毒等；同一种药物不同的用药途径，其用药剂量也不同；同一种药物用于治疗的疾病不同，其用药剂量也应不同。用药疗程一般 3~5 天，一些慢性疾病，疗程应不少于 7 天，以防复发。

4. 用药方式不同，其方法不同

饮水给药要考虑药物的溶解度、鸡的饮水量、药物稳定性和水质等因素，给药前要适当停水，有利于提高疗效；拌料给药要采用逐级稀释法，以保证混合均匀，以免局部药物浓度过高而导致药物中毒。同时注意交替用药或穿梭用药，以免产生耐药性。

5. 注意并发症，有混合感染时应联合用药

现代鸡病的发生多为混合感染，并发症比较多，在治疗时经常联合用药，一般使用两种或两种以上药物，以治疗多种疾病。如治疗鸡呼吸道疾病时，抗生素应结合抗病毒的药物同时使用，效果更好。

6. 根据不同季节，日龄与发育特点合理用药

冬季防感冒、夏季防肠道疾病和热应激。夏季饮水量大，饮水给药时要适当降低用药浓度；而采食量小，拌料给药时要适当增加用药浓度。育雏、育成、产蛋期要区别对待，选用适宜不同时期的药物。

7. 接种疫苗期间慎用免疫抑制药物

鸡只在免疫期间，有些药物能抑制鸡的免疫效果，应慎用，如磺胺类、四环素类、甲砜霉素等。

8. 用药时辅助措施不可忽视

用药时还应加强饲养管理，因许多疾病是因管理不善造成的条件性疾病，如大肠杆菌病、寄生虫病、葡萄球菌病等。在用药的同时还应加强饲养管理，搞好日常消毒工作，保持良好的通风，适宜的密度、温度和光照，只有这样才能提高总体治疗疗效。

9. 根据养鸡生产的特点用药

禽类对磺胺类药的平均吸收率较其他动物要高，故不宜用量过大或时间过长，以免造成肾脏损伤。禽类缺乏味觉，故对苦味药、食盐颗粒等照食不误，易引起中毒。禽类有丰富的气囊，气雾用药效果更好。禽类无汗腺，用解热镇痛药抗热应激，效果不理想。

10. 对症下药的原则

不同的疾病用药不同，同一种疾病也不能长期使用同一种药物进行治疗，最好通过药敏试验有针对性地投药。

同时，要了解目前临床上常用药和敏感药。常用药物有抗大肠杆菌、沙门氏菌药，抗病毒中药，抗球虫药等，选择药物时，应根据疾病类型有针对性使用。

（三）常用的给药途径及注意事项

1. 拌料给药

给药时，可采用分级混合法，即把全部的用药量拌加到少量饲料中（俗称“药引子”），充分混匀后再拌加到计算所需的全部饲料中，最后把饲料来回折翻最少 5 次，以达到充分混匀的目的。拌料给药时，严禁将全部药量一次性加入所需饲料中，以免造成混合不匀而导致鸡群中毒或部分鸡只吃不到药物。

2. 饮水给药

规模化养殖最常用的给药方法。选择可溶性较好的药物，按照所需剂量加入水中，搅拌均匀，让药物充分溶解后饮水。对不容易溶解的药物可采用适当加热或搅拌的方法，促进药物溶解。饮水给药方法简便，适用于大多数药物，特别是能发挥药物在胃肠道内的作用，药效优于拌料给药。

（1）投药前的准备

① 检查加药器的吸水性是否灵敏。

② 清洗加药器的吸水管过滤网，平时不用时用塑料布包好。

③ 检测加药器的比例，并报技术员。

④ 准备好饮水投药所用的水盆和水桶，并反复冲洗干净。

（2）饮水投药的操作和注意事项

① 领到药物后，按比例用水完全稀释溶解，搅拌均匀后，置加药器下并确保吸水管头不露出水面。

② 开始加药液时，手按加药器顶部按钮，排出加药器内的空气，并检查水线乳头是否有水。

③ 在加药饮用过程中，若发现药水变色、有沉淀和混浊、药水结晶、药水发热有气泡冒出或有泡沫样物等情况，应立即停止饮用并

提升水线，报技术员。

④ 注意加药器运转时的嗒嗒声，若长时间不响或只响不吸水，应向技术员报告。

⑤ 将盛药水的器具盖住，以防杂物掉入。

⑥ 密切观察鸡群，发现有鸡只突然死亡或鸡群状况异常，应立即停止加药（提升水线），并报技术员。

⑦ 待药液吸完后，将吸水管向上提起，将吸水管内的药液完全吸入水线。

⑧ 将盛药用过的器具内壁用 0.5 千克清水冲洗，并让鸡饮用完，再开阀供水。

⑨ 若需饮另一份药，则等水线中药液饮完后再饮另一份；若一种药物分几次饮，中间不必空水。

⑩ 记录每次投药的饮水量、饮水时间，并报技术员。

3. 注射给药

分皮下注射和肌内注射两种方法。药物吸收快，血药浓度迅速升高，进入体内的药量准确，但容易造成组织损伤、疼痛、潜在并发症、不良反应出现迅速等。一般用于全身性感染疾病的治疗。

但应当注意，刺激性强的药物不能做皮下注射；药量多时可分点注射，注射后最好用手对注射部位轻度按摩；多采用腿部肌内注射，肌内注射时要做到轻、稳、不宜太快，用力方向应与针头方向一致，勿将针头刺入大腿内侧，以免造成瘫痪或死亡。

4. 气雾给药

将药物溶于水中，并用专用的设备进行气化，通过鸡的自然呼吸，使药物以气雾的形式进入体内。适用于呼吸道疾病给药，对鸡舍环境条件要求较高，适合于急慢性呼吸道病和气囊炎的治疗。

因呼吸系统表面积大，血流量多，肺泡细胞结构较薄，故药物极易吸收。特别是可以直接进入其他给药途径不易到达的气囊。

三、发生传染病时的紧急处置

传染病的一个显著特点是具有潜伏期，病程的发展有一个过程。由于鸡群中个体体质的不同，感染的时间也不同，临床症状表现得有早有晚，总是部分鸡只先发病，然后才是全群发病。因此，饲养人员要勤于观察，一旦发现传染病或疑似传染病，需尽快进行紧急处理。

（一）封锁、隔离和消毒

一旦发现疫情，应将病鸡或疑似病鸡立即隔离，指派专人管理，同时向养鸡场所有人员通报疫情，并要求所有非必须人员不得进入疫区和在疫区周围活动，严禁饲养员在隔离区和非隔离区之间来往，使疫情不致扩大，有利于将疫情限制在最小范围内就地消灭。在隔离的同时，一方面立即采取消毒措施，对鸡场门口、道路、鸡舍门口、鸡舍内及所有用具都要彻底消毒，对垫草和粪便也要彻底消毒，对病死鸡要做无害化处理；另一方面要尽快作出诊断，以便尽早采取治疗或控制措施。最好请兽医师到现场诊断，本场不能确诊时，应将刚死或濒死期的鸡，放在严密的容器中，立即送有关单位进行确诊。当确诊或怀疑为严重疫情时，应立即向当地兽医部门报告，必要时采取封锁措施。

治疗期间，最好每天消毒 1 次。病鸡治愈或处理后，再经过一个该病的潜伏期时限，再进行 1 次全面的大消毒，之后才能解除隔离和封锁。

（二）紧急免疫接种

在确诊的基础上，为了迅速控制和扑灭疫病，应对疫区和受威胁区的鸡群进行应急性的免疫接种，即紧急接种。紧急接种的对象包括：有典型症状或类似症状的鸡群；未发现症状，但与病鸡及其污染环境有过直接或间接接触的鸡群；与病鸡同场或距离较近的其他易感鸡群。接种时最好做到勤换针头，也可将数十个针头浸泡在刺激性较小的消毒液（如 0.2% 的新洁尔灭）中，轮换使用。紧急接种包括疫苗紧急接种和被动免疫接种。

1. 疫苗紧急接种

实践证明，利用弱毒或灭活苗对发病鸡群或可疑鸡群进行紧急免疫，对提高机体免疫力、防御环境中病原微生物的再感染具有良好效果。如用Ⅳ系弱毒苗饮水，或同时用鸡新城疫油乳剂灭活苗皮下注射，对发生新城疫的鸡群紧急接种是临床上常用的方法。

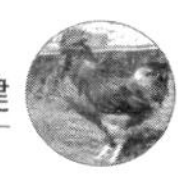

2. 被动免疫接种（免疫治疗）

这是一种特异性疗法，是采用某种含有特异性抗体的生物制品，如高免血清、高免卵黄等针对特定的病原微生物进行治疗。其最大的优点是：对病鸡有治疗作用，对健康鸡有预防作用。如利用高免血清或高免卵黄治疗鸡传染性法氏囊炎。其缺点有：外源性抗体在体内消失较快，一般 7~10 天仍需进行疫苗免疫；有通过高免血清或卵黄携带潜在病原的可能。因此免疫治疗只能作为防病治病的应急措施，不能因此而忽略其他的预防措施。

3. 药物治疗

治疗的重点是病鸡和疑似病鸡，但对假定健康鸡的预防性治疗亦不能放松。治疗应在确诊的基础上尽早进行，这对及时消灭传染病、阻止其蔓延极为重要，否则会造成严重后果。

有条件时，在采用抗生素或化学药品治疗前，最好先进行药敏实验，选用抑菌效果最好的药物，并且首次剂量要大，这样效果较好。也可利用中草药治疗。不少中草药对某些疫病具有相当好的疗效，而且不产生耐药性，无毒、副作用，现已在鸡病防治中占相当地位。

4. 护理和辅助治疗

鸡在发病时，由于体温升高、精神呆滞、食欲降低、采食和饮水减少，造成病鸡摄入的蛋白质、糖类、维生素、矿物质水平等低于维持生命和抵御疾病所需的营养需要。因此必要的护理和辅助治疗有利于疾病的转归。

① 可通过适当提高舍温、勤在鸡舍内走动、勤搅拌料槽内饲料、改善饲料适口性等方面促进鸡群采食和饮水。

② 依据实际情况，适当改善饲料中营养物质的含量或在饮水中添加额外的营养物质。如适当增加饲料中能量饲料（如玉米）和蛋白质饲料的比例，以弥补食欲降低所减少的摄入量；增加饲料中维生素A、维生素 C 和维生素 E 的含量，对于提高机体对大多数疾病的抵抗力均有促进作用；增加饲料维生素 K 对各种传染病引起的败血症和球虫病等引起的肠道出血都有极好的辅助治疗作用；另外在疾病期间家禽对核黄素的需求量可比正常时高 10 倍，对其他 B 族维生素（烟酸、泛酸、维生素 B_1、维生素 B_{12}）的需要量为正常的 2~3 倍。

因此在疾病治疗期间，适当增加饲料中维生素或在饮水中添加一定量的速补－14或其他多维电解质一类的添加剂极为必要。

第四节　鸡场环境控制措施

随着现代化、集约化养殖场的建立，生物安全体系建设在肉鸡生产中的重要作用日益凸显，而后勤管理工作中的一些环节又往往容易被忽视，造成生物安全隐患。因此，必须加强肉鸡场后勤的细节管理，时时处处不忘为鸡群构筑一道生物安全防护网，保证肉鸡健康生长。

一、鸡粪的处理和利用

对肉鸡粪便进行减量化、无害化和资源化处理，防止和消除粪便污染，对于保护城乡生态环境，推动现代肉鸡养殖产业和循环经济发展具有十分积极的意义。

直接晾晒处理工艺简单，就是把鸡粪用人工直接摊开晾晒风干，压碎后直接包装作为产品出售。这种模式的优点是产品成本低，操作简单。但缺点也很明显，那就是：占地面积大，容易污染环境；晾晒还存在一个时间性与季节性的问题，不能工厂化连续生产；产品体积大，养分低，存在二次发酵现象，产品质量难以保证。

烘干处理的工艺流程，是把鸡粪直接通过烘干机进行高温、热化、灭菌、烘干等方式处理，最后出来含水量为13%左右的干鸡粪，作为产品直接销售。这种模式的优点是生产量大、速度快，产品的质量稳定、水分含量低。但同时也存在一些问题，如生产过程产生的尾气会污染环境；生产过程中能耗高；出来的产品只是表面干燥，浸水后仍有臭味和二次发酵，产品的质量不可靠；设备投资大，利用率不高。

鸡粪的生物发酵处理主要有发酵池发酵、直接堆腐、塔式发酵等模式。

（一）发酵池发酵

把鸡粪、草木灰、锯末混合放入水泥池中，充氧发酵，发酵完成后粉碎，过筛包装后即成为产品。这种模式的优点在于：生产工艺过程简单方便，投入少，生产成本低。主要缺点是产品养分含量低，水分含量高，达不到商品化的要求；工厂化连续生产程度低，生产周期长。

（二）直接堆腐

把鸡粪、秸秆或草炭混合，堆高1米左右，利用高温堆肥，定期翻动通气发酵，发酵完后就成为产品。由于堆内疏松多孔且空气流通，温度容易升高，一般可达60~70℃，基本可杀死虫卵和病菌，同时也会使杂草种子丧失生存能力。这种模式生产工艺简单，投入少，成本低。主要问题在于产品堆腐时间过长，受各种外界条件影响大，产品的质量难以保证；产品工厂化连续生产程度不高，生产周期长。

（三）塔式发酵

其主要工艺流程是把鸡粪与锯末等辅料混合，再接入生物菌剂，同时塔体自动翻动通气，利用生物生长加速鸡粪发酵、脱臭，经过一个发酵循环过程后，从塔体出来的就基本是有机肥成品了。这种模式具有占地面积小，能耗低，污染小，工厂化程度高的优点，但它现在存在的问题是：仅靠发酵产生的生物热来排湿，产品的水分含量达不到商品化的要求；目前工艺流程运行不畅，造成人工成本大增，产量达不到设计要求；设备的腐蚀问题较严重，制约了它的进一步发展。

二、病死鸡的无害化处理

出现病死鸡，是任何一个养鸡场都难以避免的事情，肉鸡病死尸体既有可能是传染源，也会在腐败分解过程中对环境造成污染，对安全生产极为不利。肉鸡病死尸体必须进行无害化处理，才能杜绝传染隐患，保证鸡场安全生产。

病死尸体的处理需要有良好的配套制度作保障。兽医室和病死鸡处理设施应建在饲养区的下风、下水处，要处在与粪污处理区平行（或建在饲养区与粪污处理区之间）、相对独立的位置。根据不同的养鸡场规格和规模，兽医室和病死鸡处理设施与饲养区的卫生间距通常应分别在500米、200米以上。周围建隔离屏障，出入口建洗手消毒盆和脚踏消毒池，备专用隔离服装。兽医室应配备与鸡场规格规模相适应的疾病监测和诊断设备。兽医室的下风向建病死鸡处理设施，如焚尸炉、尸井等，具备防污染防扩散条件（防渗、防水冲、防风、防鸟兽蚊蝇等）。

病死尸体的处理要执行严格的规范。一般情况下，鸡舍出现异常死亡或死鸡数量超过3只时，就要引起注意。可用料袋内膜将死鸡包好，拿出鸡舍后送到死鸡窖。需要剖检时，找兽医工作人员进行剖检。剖检死鸡必须在死鸡窖口的水泥地面上进行；剖检完毕后，对剖检地面及周围5米用5%的火碱进行消毒；剖检后的死鸡，用消毒液浸泡后放入死鸡窖并密封窖口，也可焚烧处理。要做好剖检记录，发现疫情及时会商，重要疫情必须立即上报场长。送死鸡人员，在返回鸡舍时，应彻底按消毒程序进行消毒。剖检死鸡的技术人员，在结束尸体剖检后，应从污道返回消毒室，更换工作服，消毒后方可再次进入净区。

因鸡新城疫、禽霍乱等烈性传染病致死的肉鸡尸体，应尽量采用焚烧法处理，直到将尸体烧成黑炭为止。

因禽痘等传染性强的疾病而死亡的肉鸡，尸体可采用深埋法处理。墓地要远离住宅、牧场和水源，地质宜选择沙土地，地势要高燥。从坑沿到尸体表面至少应达到1.5~2米，坑底和尸体表面均铺2~5厘米厚的石灰，然后覆土夯实。

因普通病或其他原因致死的肉鸡，可进行发酵处理。将尸体抛入专门的尸体坑（发酵坑）内，利用生物热将尸体分解，达到消毒的目的。尸体腐败2~3天后，病毒即遭受破坏，不再具有传播、感染的危险。建筑发酵坑应选择远离住宅、牧场、水源及道路的僻静场所。尸坑可建成圆井形，坑深9~10米，坑壁及坑底涂抹水泥，坑口高出地面约30厘米，坑口设盖，盖上有活动的小门，平时落锁。坑内尸体可以堆到距坑口1.5米处，经3~5个月尸体完全腐败分解后，就可以挖出充当肥料使用。

三、杀虫

某些节肢动物如蚊、蝇、虻等和体外寄生虫如螨、虱、蚤等生物，不但骚扰正常的鸡，影响生长和产蛋，而且还携带病原体，直接或间接传播疾病。因此，要设法杀灭。

杀虫先做好灭蚊蝇工作。保持鸡舍的良好通风，避免饮水器漏水，经常清除粪尿，减少蚊蝇繁殖的机会。使用杀虫药蝇毒磷（0.02%~0.05%）等杀虫药，每月在鸡舍内外和蚊蝇滋生的场所喷洒两次。黑光灯是一种专门用来灭蝇的装于特制的金属盒里的电光灯，灯光为紫色，苍蝇有趋向这种光的特性，而向黑光灯飞扑，当它触及带有负电荷的金属网即被电击而死。

四、灭鼠

老鼠在藏匿条件好、食物充足的情况下，每年可产 6~8 窝幼仔，每窝 4~8 只，一年可以猛增几十倍，繁殖速度快得惊人。养鸡场的小气候适于鼠类生长，众多的管道孔穴为老鼠提供了躲藏和居住的条件，鸡的饲料又为它们提供了丰富的食物，因而一些对鼠类失于防范的鸡场，往往老鼠很多，危害严重。养鸡场的鼠害主要表现在四个方面：一是咬死咬伤草鸡苗；二是偷吃饲料，咬坏设备；三是传播疾病，老鼠是鸡新城疫、球虫病、鸡慢性呼吸道病等许多疾病的传播者；四是侵扰鸡群，影响鸡的生长发育和产蛋，甚至引起应激反应使鸡死亡。

1. 建鸡场时要考虑防鼠设施

墙壁、地面、屋顶不要留有孔穴等鼠类隐蔽处所，水管、电线、通风孔道的缝隙要塞严，门窗的边框要与周围接触严密，门的下缘最好用铁皮包镰，水沟口、换气孔要安装孔径小于 3 厘米的铁丝网。

2. 随时注意防止老鼠进入鸡舍

发现防鼠设施破损要及时修理。鸡舍不要有杂物堆积。出入鸡舍随手关门。在鸡舍外留出至少 2 米的开放地带，便于防鼠。因为鼠类一般不会穿越如此宽的空间，不能无限度地扩大两栋鸡舍间的植物绿化带，鸡舍周围不种植植被或只种植低矮的草，这样可以确保老鼠无处藏身。清除场区的草丛、垃圾，不给老鼠留有藏身条件。

3. 断绝老鼠的食源、水源

饲料要妥善保管，喂鸡抛撒的饲料要随时清理。切断老鼠的食源、水源。投饵灭鼠。

4. 灭鼠

灭鼠要采取综合措施，使用捕鼠夹、捕鼠笼、粘鼠板等捕鼠方法和应用杀鼠剂灭鼠。

杀鼠剂可选用敌鼠钠盐、杀鼠灵等。其中敌鼠钠盐、杀鼠灵对鸡毒性较小，使用比较安全。毒饵要投放在老鼠出没的通道，长期投放效果较好。

五、控制鸟类

鸟类与鼠类相似，不但偷食饲料、骚扰动物，还能传播大量疫病，如新城疫、流感等。控制鸟类对防治传染病有重要意义。控制鸟类的主要措施是在圈舍的窗户、换气孔等处安装铁丝网或纱窗，以防止各种鸟类的侵入。

技能训练

鸡肌内注射、皮下注射、点眼滴鼻、刺种、饮水、喷雾等免疫接种操作。

【目的要求】掌握各种免疫接种的基本方法与技能。

【实训条件】雏鸡、成鸡各若干只，马立克氏苗、新城疫Ⅳ系苗、鸡痘疫苗。

【操作方法】根据常用免疫接种方法的要求，对雏鸡进行马立克氏病苗皮下注射，对成鸡进行新城疫Ⅳ系苗点眼、滴鼻、饮水、喷雾免疫，鸡痘疫苗刺种的实际操作。

【考核标准】

1. 操作方法正确，手法熟练。
2. 疫苗稀释方法正确，剂量准确。
3. 免疫接种准确无误。

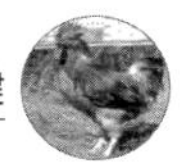

4. 在规定时间内完成操作。

思考与练习

1. 怎样给鸡舍进行熏蒸消毒?
2. 如何进行空鸡舍的消毒?
3. 带鸡消毒应注意哪些问题?
4. 如何制定适合本场时间的肉鸡免疫程序?
5. 如何正确保存、运输和稀释疫苗?
6. 如何给鸡群进行饮水免疫?饮水免疫应注意哪些问题?
7. 简述抓好肉鸡防疫管理的措施。
8. 如何对肉鸡进行适当的药物预防?
9. 肉鸡场发生传染病后,应采取哪些措施?
10. 简述肉鸡场环境控制的主要措施。

参考文献

[1] 丁馥香 . 图说肉鸡养殖新技术 [M]. 北京：中国农业科学技术出版社，2012.

[2] 杨宁 . 现代养鸡生产 [M]. 北京：中国农业大学出版社，1993.

[3] 曹顶国 . 轻轻松松学养肉鸡 [M]. 北京：中国农业出版社，2010.

[4] 夏新义 . 规模化肉鸡场饲养管理 [M]. 郑州：河南科学技术出版社，2011.

[5] 台立谋 . 肉种公鸡的饲养管理 [J]. 科学种养，2015.（05）.

[6] 李连任 . 肉鸡标准化规模养殖技术 [M]. 北京：中国农业科学技术出版社，2013.